科普信息化研究

——科普信息化学术研讨会论文集

周建强　主编

中国科学技术出版社

·北　京·

图书在版编目（CIP）数据

科普信息化研究 / 周建强主编. —北京：中国科学技术出版社，2015.9

ISBN 978-7-5046-6966-7

Ⅰ. ①科… Ⅱ. ①周… Ⅲ. ①科学普及—信息化—研究 Ⅳ. ①N4-39

中国版本图书馆CIP数据核字（2015）第190499号

责任编辑	包明明
责任校对	何士茹
封面设计	天佑书香
责任印制	张建农

出　　版	中国科学技术出版社
发　　行	科学普及出版社发行部
地　　址	北京市海淀区中关村南大街16号
邮政编码	100081
电　　话	010-62103130
传　　真	010-62179148
网　　址	http://www.cspbooks.com.cn

开　　本	787mm×1092mm　1/16
字　　数	324千字
印　　张	13.5
版　　次	2015年10月第1版
印　　次	2015年10月第1次印刷
印　　刷	北京长宁印刷有限公司

书　　号	ISBN 978-7-5046-6966-7 / N·203
定　　价	59.00元

前　言

　　为贯彻中央政治局委员、国家副主席李源潮同志在中国科协八届五次全委会上关于"加快推进科普信息化"的讲话精神，落实安徽省委副书记李锦斌同志关于"建设'科普云'对科普产业发展具有重要突破性、引领性意义，在安徽省省级层面率先启动'科普云'等重大专项提出运作实施的意见"的批示，全国首届"科普信息化学术研讨会"于2014年5月10日至11日在中国科学技术大学成功举办。

　　首届"科普信息化学术研讨会"是由安徽省科协、科普产品国家地方联合工程研究中心发起主办，安徽省科普文化产业协会、中国科学技术大学管理学院科普产业研究所承办。旨在促进"产、学、研、用"各方学术交流和沟通，为科普信息化发展提供理论支撑，从而加快推动我国科普信息化进程。本次会议选取了"科普云平台搭建及服务体系"作为主题，出席研讨会的有科技部、中国科协的有关专家，中国科学技术大学等高校学者，全国科技馆、博物馆的代表以及部分高新技术、科普企业负责人和在校硕士生、博士生，共计二百余人。其中中国科协、中国科学技术大学、安徽省科协领导出席开幕式并致辞，科技部社会发展科技司参赞孙成永，中国科协科普部部长杨文志，安徽省政协常委、中国科学技术大学管理学院科普产业研究所所长、研究员周建强，中国互联网协会副秘书长石现升，上海科技馆馆长王小明，科大讯飞股份有限公司董事长刘庆峰，果壳网首席运营官姚笛等分别作主题报告；中国科技新闻学会秘书长许英，中国科学技术出版社副社长、总编辑吕建华等参与分论坛讨论。

　　为更好地共享会议成果，编委会邀请相关领域专家对会议报告和征集论文内容进行了严格筛选，择优挑选出21篇会议报告和契合会议主题、水平较高的学术论文结集出版。论文集共包括"主题报告""理论研究""应用研究""案例研究"四个部分，涉及科普信息化与科普现代化、中国科技传播现状与发展、科普资源的集成与应用、公共云平台建设与发展、科普信息化与科普产业发展、语音云的科普应用、移动互联网发展与科普应用、云计算的科普应用等多个方面。

由于时间关系，部分专家报告未能在本论文集中刊出。在此，谨对所有参与本次会议的专家、代表和论文作者的辛勤付出，致以诚挚的感谢！

文稿其他不妥之处，敬请雅正。

《科普信息化学术研讨会论文集》编委会

2014 年 12 月 26 日

目　录

主题报告

理论研究

应用研究

案 例 研 究

主题报告

关于科普云的思考

周建强

(中国科学技术大学管理学院科普产业研究所所长，研究员　合肥　230088)

摘　要

　　本文总体介绍了科普云提出的背景及安徽省率先启动的科普云预研究专项。主要论述了科普云的理念及愿景、科普云平台建设的标准规范、科普云公共基础支撑平台的技术基础、科普云平台的内容资源建设，同时，对科普云服务体系、科普云平台的运行机制以及科普云的商业模式进行了探索性的思考。

关键词

　　科普云；研究

Abstract

The paper introduced the background of popular science cloud and the relative research project launched at first in Anhui province. It is Mainly discussed the concept and vision of popular science cloud, standards of popular science cloud platform construction, science technology base of public cloud platform, content construction of popular science cloud platform. At the same time, it is also exploratorily considered the service system of popular science cloud, operation mechanism of popular science cloud, and business model of popular science cloud.

Keywords

Popular Science Cloud；Research

一、科普云提出的背景

1. 政策背景

2011年12月27日，习近平主持召开十七届中央书记处第十七次办公会议，指出："要探索建立公益性科普事业和经营性科普产业并举的体制机制，积极发展科普公益事业，培育壮大科普文化产业。"李源潮副主席在中国科协八届五次全委会上的讲话指出："要加大科普力度，抓住信息化机遇推进科普现代化。" 2013年8月14日，国务院出台的30号文件《国务院关于促进信息消费扩大内需的若干意见》，文件上明确提出："支持企业参与政府公共云服务平台建设。"中国科协党组成员、书记处书记徐延豪同志，到地处安徽省的科普产品国家地方联合工程研究中心视察并听取科普云项目方案时指出："'科普云'计划顺应网络时代的科普发展趋势，是探索通过互联网开展科学传播的重要举措。"可见在国家层面，发展科普文化产业、推动科普信息化建设已经进入了党和国家领导人视野，并且符合建设创新型国家的发展战略需求。

在地方层面，安徽省在全国率先启动了科普云项目研究，提出了科普云预研究专项，省委省政府高度重视该项研究，安徽省委副书记李锦斌同志在中共安徽省委办公厅《小投入大产出，利长远助转型》的报告中批示："通过科普云促进科普产业的发展具有突破性、引领性的重大意义。" 安徽省委常委、副省长陈树隆同志，在2013年5月16日安徽省人民政府专题会议中的讲话指出："要继续推进科普产业发展，加强'科普云'项目研发，加快建设全社会共建共享、互联互通的科普交流平台。"

2. 时代背景

互联网、云技术的发展已经深刻影响和改变了绝大多数人生活方式和工作方式。截止到2014年的互联网入网的人数已经达到6.4亿多人（图1）。目前，在国内有学习云服务平台、金融云、管理云以及服装云等。尤其是石狮的服装云平台，为中小型服装企业在云平台上进行设计与创作，提供了很多的公用软件，对石狮当地的服装企业的发展起到了很大的促进作用。互联网时代同样对科普发展提出了新要求，需要借助云技术来满足社会公众对科普资源的需求。"科普云"是政府与公众紧密联系的重要桥梁，云端在及时对科学现象解读，培育公众理性态度和科学精神，帮助政府进行科学决策，提升政府发言能力，引导公众科学讨论等方面具有重要的战略意义。

图1　中国网民规模和互联网普及率

资料来源：中国互联网络发展状况统计调查。

3. 社会背景

众所周知，彭泽核电站建设问题和启东事件 PX 项目问题，归根到底，不是该项目是否该启动，而是科普度够不够的问题。公众应该提前了解政府要启动的重大项目，究竟有哪些利弊。所以当今是一个用科普来解读社会公众关注的热点问题的时代。如果我们对科普工作足够关注，如果我国公民科学素养较高，那么在福岛核电站发生泄漏事故后，中国公民就不会闹出抢盐风波。这说明我国公民的科学精神不够，我国公民科学知识普及的还不够，迫切需要用现代化的手段来推动科普工作。

二、科普云预研究介绍

科普云预研究是安徽省科协和安徽省财政厅联合下达的项目，项目由科普产品国家地方联合工程研究中心承担。项目内容主要包括：科普云建设理论与案例研究、科普云服务平台软硬件建设方案研究、科普云服务平台内容资源建设方案研究、科普云服务平台运行模式及标准规范研究。

1. 总体思路

建立科普云共建共享平台旨在通过云计算、大数据、数字出版、数字交互等前沿技术，以云屏媒知识问答、科普游戏、新型出版物等高新产品为载体，构建开放平台，融合新媒体传播理念，推动公众更多地参与科普创作和体验，探索多种商业模式构成的市场化运营培育，推动科普云技术支撑平台及大数据个性化技术的研发，建设终端网络，形成科普云示范服务体系，为公众提供广泛的科普服务（图2）。

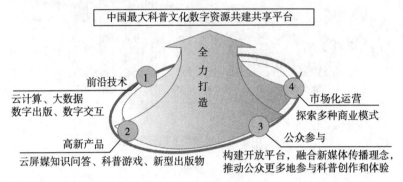

图2　科普云共建共享平台

2. 项目实施内容

目前科普产品国家地方联合工程研究中心在科普云预研究项目中主要开展了以下工作：内容资源策划方面包括科普云内容资源库的主题策划、组织内容制作、协调内容审查；特色技术方面包括集成应用语音识别、语音合成、体感识别、大数据分析等核心技术；云终端方面包括研发科普云专用终端设备，例如科普屏媒、科普智能电视机顶盒、科普数字阅读器等。当然，科普云的建设绝非一家可行，需要广泛动员社会力量参与。例如，内容版权方面需要对经典科普书籍、音像制品进行版权管理。依托一些科研院所进行内容聚合、对接数字科普资源，对前沿科技进行科普内容开发等。依托安徽大学高性能云计算中心共建科普云。

平台运营方面需要搭建基础支撑平台，建设科普云数据在线服务器集群等；技术支撑方面需要研发基础软件平台，为第三方用户提供开发接口，研发大数据与个性化推荐技术，负责大数据分析算法和个性化推荐算法的模型建立、数据采集与分析、数据管理相关技术研发等工作。

三、关于科普云的思考

1. 科普云的理念及愿景

科普云应该成为一个涵盖科普数字内容聚合、转换、加工、投送，覆盖各种终端的全媒体数字科普资源平台。

未来科普云建设的愿景。一是成为科普知识的百度，借助科普云可以实现几乎我们所有要找到的科普知识。二是成为科普产品的淘宝网，能够把科学商店(science-shop)在互联网上实现。淘宝网是国内目前最大的网络零售商，可以给客户提供各种各样的商品，但作为科学商品，科普的产品资源还是很少，因此，我们希望能够有一个网上的 science-shop。三是作为公众科普互动社区。借此平台公众可以进行科普方面的讨论，健康知识、科学工作方式与生活方式等的关注。并且希望能够基于如上愿景的实现，打造中国科普领域的一个重要的对外门户。

2. 科普云平台建设的标准规范

(1) 科普云平台建设的标准范畴

科普云平台建设需要一定的规范和标准。一是科普云平台的内容选择角度。科普内容应该具有科学性、普及性和安全性。首先，科普的内容必须是正确的、科学的、经得起实践检验的；其次，要有利于互动，利于普及，易于更多的群众或群体接受；最后，应考虑安全性，禁止出现危害公共安全的内容。二是科普云平台的技术开发标准，包括工具标准、格式标准，平台的接口标准等。三是服务管理标准，互联网已经进入免费以及服务的时代，科普云的相关服务也随之将包含内容更新、人才培训、终端平台服务管理、技术支持、信息咨询等方面。四是关于评估的标准，就是软硬件平台的建设评估标准、资源的建设评估标准、平台使用情况评估等。

(2) 建立统一标准的科普云平台

建立统一标准的科普云平台，既是公众对科普的需求，也是科普云发展自身的需求。科普云推广与应用可以主要通过手机、电脑、互联网电视科普屏媒等载体进行终端实现。其平台建设主要包括开放支撑平台、科普云计算服务平台(在线服务平台、离线服务平台)、基础支撑平台、虚拟化平台。其中，主要有由开发者网站论坛、应用发布、科普云 SDK、计费系统、应用审核及管理、用户管理、业务分发、广告发布管理系统等组成的开放支撑平台；由在线数据分析、离线数据分析挖掘服务的科普云计算服务平台及相应的基础支撑和虚拟化平台（图 3）。

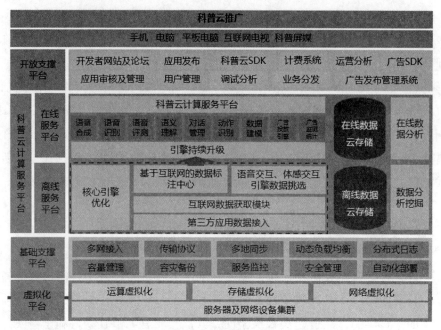

图3　统一标准的科普云平台架构示意图

3. 科普云公共基础支撑平台的技术基础

科普云公共基础支撑平台一是要搭建海量数据存储、分析、挖掘平台。海量数据存储技术是利用 Hadoop HDFS、HBase 分布式文件存储系统，实现海量小文件数据存储和海量日志型数据存储；海量数据传输技术是实现移动互联网服务大数据块传输，支持终端的大规模并发数连接，保证数据的有效性和实时性的基础；海量数据分析技术可利用现有开源 Hadoop 大数据处理平台，结合现有业务线分析需求，以在线＋离线方式实现数据批量 ETL 与业务统计报表输出功能；海量数据挖掘技术可实现科普云交互服务平台基于多维特征的分类预测以及针对日志型海量数据的时序分析挖掘。二是要具备大规模并发技术和特色的交互技术。大规模并发技术主要包括内容服务网络通信技术、科普云负载均衡技术。内容服务网络通信技术可实现跨网络、跨终端的科普内容服务和应用，保障终端应用和云平台之间通信的高可用性和安全性。科普云负载均衡技术可实现科普云平台在大规模服务并发处理时的基础服务框架、负载均衡框架和动态负载均衡策略。特色交互技术主要有智能语音技术、体感识别技术（图4）。智能语音技术的集成应用包括实现科普云与讯飞语音云的对接，实时调用语音识别与合成服务，科普应用与语点、灵犀等产品集成，形成海量用户群。体感识别技术的集成应用包括利用体感识别的计算模型，实时计算每次体感互动结果并返回客户端，实现实时云端高性能计算。

图4 体育类体感游戏

4. 科普云平台的内容资源建设

作为一个云平台来说，难度不是硬件，也不是技术层面，云的技术层面已经不再是制约科普发展总的因素，它的难度关键是内容的聚合，科普云平台的内容资源建设是核心。因此，如何使各个方面的科普内容聚合到平台，并且能为公众所享用，这才是科普云发展的关键。结合科普云预研究，我们认为关于科普云平台可以聚合以下资源内容：科学商店、科普旅游直通车、在线科普博览会、公众活动空间、高端特色科普资源、儿童特色栏目、企业信息技术应用、娱教空间、科学图说、在线科普产品标准研究院，科普创意集市等。以下是我们在科普云数字内容资源建设方面的规划（图5）。

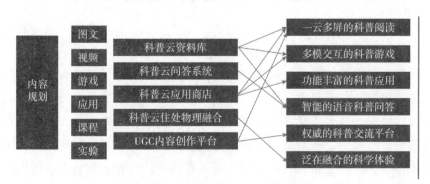

图5 科普云数字内容资源建设规划

内容建设聚合方式建议为集中采购一批具有较大影响力的经典科普内容版权、使用权；采用中包模式鼓励公众参与内容创作，特别是科研人员和大学生；通过自动抓取技术聚合高质量的开放性资源，并进行二次创作。

内容本身的聚合形式可以通过图文、视频、游戏（图6）、应用、课程、试验等，通过云平台建成各种各样的资源库，问答系统，应用商店，信息物理融合、UGC内容等。特别是我们提出了要一云多屏，要能够进行多模交互，能够进行功能丰富的科普运用。

图6　中国科学技术大学终身学习实验《魅力台湾》互动科普游戏

（1）科普云平台内容资源建设的体系 (图 7)

科普云有权威的科普交流平台和广泛的科学实验体验，还有形式丰富的各种科普内容。科普云内容资源建设在传统科普读物方面力争与一些专业科普出版社合作，集聚大量的科普资源。在语音技术实现方面，需要汇集科大讯飞的语音云技术，在最新科技成果方面，依托各大高校、科研院所、丰富的学术报告会、院士报告会等资源。通过将科普资源聚合到科普云平台，方便社会公众在互联网上面能够随时随地获取科学知识。

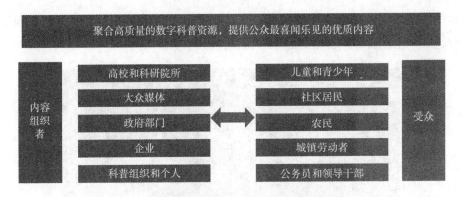

图7 科普云内容资源聚集互动图示

例如，将制造过程和实验过程可视化，汽车生产流水线、托卡马克的装置及科学实验等都不再让公众感到非常遥远，还有拉曼分子成像技术，可以被做成一个三维的可互动的图像视频共享到云平台（图8）。一些专家通过云平台在线为社会公众提供一些问题的科学解答。

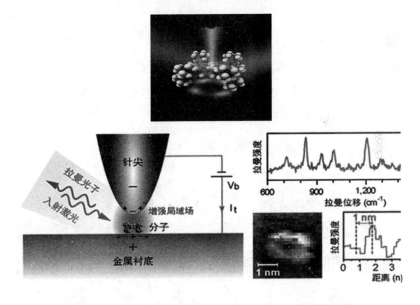

图8 拉曼分子成像技术原理及拉曼成像3D动画演示图

（2）新型科普数字阅读出版物

未来的科普出版物怎样和网络关联起来，是科普云研究的重要议题。我们认为，新型的数字科普阅读出版物可以实现文字传播和语音传播的并重，实现平面二维和立体多维的并重，实现书本的单向传播向互动体验的转变，实现固定的模式向智能模式的转变，使科普出版物能够成为一种与互联网结合起来，能够和云平台结合起来的新型出版物（图9）。

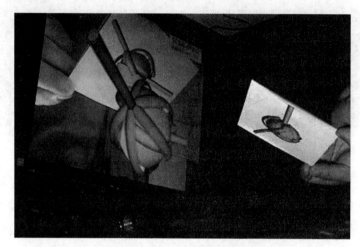

图9　中国科学技术大学数字媒体实验室增强现实少儿读物

5. 科普云服务体系

科普云将通过"一云多屏"广普覆盖实现服务，即科普资源的分析与推送绝不仅仅是手机层面或者 PC 层面，将包括广电网、电信网、互联网三网，各种各样的移动终端和固定终端（图10）。

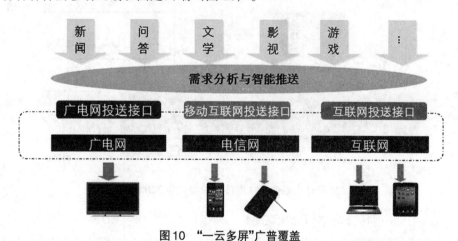

图10　"一云多屏"广普覆盖

科普云的服务体系构建主要有以下四个部分：在线科学课堂、公共科普屏媒服务、科普资源超市服务、公众互动空间服务、大数据的个性化推送。

在线科学课堂主要是利用互联网为具备条件的中小学提供科学课"教、学、做"环境，提升优质科普资源的应用效率和效果，提高中小学科学课教学质量。

公共科普屏媒是指在社区、机场、车站、医院、商业中心等区域布设互动式科普云终端，实现在人流密集的公共场所进行全天候的科普传播。科普云屏媒是借助移动互联网，实现科普信息化的落地终端。为其通过后台的"科普云"服务平台、数据挖掘技术，针对不同人群的特定需求进行信息的更新与推送。

科普资源超市是通过鼓励公众参与创作扩充数字资源库内容来源，建立长效的科普资源共建共享机制，促进优质科普资源在公众中的创造、汇聚和分享。

公众互动空间是指建立网上互动空间，推进科普创意交流、科普问题讨论、科普创作引导；向高校延伸，培育和发展科普爱好者组织，为科普云市场化运作建立稳定的用户群。

大数据的个性化推送，就是通过大数据平台，通过公众使用科普云，积累用户感兴趣问题数据以及通过大数据分析提前捕捉社会热点问题，进行话题式科普。

6. 科普云平台的运行机制

科普云建设包含三方面机制，第一是共建共享的机制。邓楠同志曾经提出："科普资源一定要实现共建共享"，科普云建设的共建共享要实现云层面上的共建共享，这也是科普云预研究需要探索的需求机制，它要考虑社会平台的发布需求，社会协作开发、专家审核把关、优质产品入库、绩效奖励实施等因素。第二是运营的管理机制。它包括平台的建设和运营各方面的合作，电子商务交易平台的合作，云端的运行管理机制合作，实体终端的运行管理和反馈机制。第三是人才队伍机制。科普云的建设与发展，需要强有力人才支撑，因此必须要加强相关人才队伍建设。

7. 科普云的商业模式

科普云商业模式主要围绕访问量和科普组织建设进行商业模式探索。涵盖流量分成、可收费的科普、产品的科普、网络科学商店、培养科普组织等实现形式。在盈利点上一方面可以通过流量分成获取部分收益，也可以考虑遴选部分优质科普作品，进行收费。通过整合文章、信息化图示、微博话题、测试等方式，进行优质点位投放。配合主题站微博推广，专区文章推荐等形式开展产品的科普。此外还可以通过网络科学商店、科普组织合作等方式推动科普的商业运作。

综上所述，科普云是数字化、网络化条件下的科普必需品，能真正起到科普资源共建共享的作用，是推动科普产业结构调整，通过信息化推动科普现代化的有力抓手。在中国科协、安徽省政府支持下，科普产品国家地方联合工程研究中心围绕科普云建设开展了大量前期工作。科普云预研究提出的建设思路、建设方案得到了有关专家认可，但是科普云的建设完善任重而道远。需要进一步得到科技部、工信部、中国科协政府等有关部门的重视和支持，得到有关高等院校、科研院所、互联网企业和科普企业的协作，共同推进科普云共建共享，争取早日为社会提供更为便捷的科普公共服务，真正让科普惠及民生。

（本文是根据周建强在科普信息化论坛上的发言整理而成，特此说明。）

语音云的科普应用

刘庆峰*

（科大讯飞股份有限公司董事长，安徽 合肥 230000）

摘 要

文章基于当前科普产业发展趋势、社会各界对教育的关注度，分析了在移动互联网时代下围绕信息终端形式、后台大数据、大数据分析技术变化给科普传播形态带来的转变和影响。对智能语音技术、科大讯飞语音云及其核心技术进展与架构进行阐述。通过具体的产品和案例对自然便捷的科普教学方式、丰富多样的科普终端形态、海量用户的科普云平台等进行展示，并对语音云在科普应用的市场和前景进行了展望。

关键词

智能语音技术；语音云；科普

Abstract

Based on the current development trend of popularized science industry and public concern over education, this article analyzes the forms of information terminals, backstage big data, and the changes of big data analytic techniques in the age of mobile internet which brings changes and impacts on science popularization pattern. The article also states intelligent speech technology,

---

* 刘庆峰（1973—），安徽泾县人，中国科学技术大学博士，兼职教授，博导，中国科协第八届委员，第十届、第十一届、第十二届全国人大代表。

iFLYTEK Speech Cloud and its core technology progress and framework.This article also shows the natural and convenient way of scientific teaching， diverse scientific terminal forms， demonstrate massive users' scientific cloud platform and other dimensions through specific products and cases. Furthermore， the article has a constructive outlook on the Speech Cloud applications in the market and prospects for science popularization.

Keywords

Intelligent Speech Technology；Speech Cloud；Popularization of Science

从当前的趋势看，国家越来越重视科普产业，随着教育投入和科普法落地力度的不断加大，伴随着中国家长们对少年儿童全面健康成长的关注，全民对科普的认识正在进入一个全新的时代。同时，我们还看到，人类的生活方式以及我们面对的互联网形态，其实会深刻地影响未来科普传播的形态。第一个变化，是信息终端形式的巨大变化。譬如我们通常使用的手机，5 年之后的形态可能会发生根本性颠覆式的变化。未来 3～5 年，80% 的应用根本不需要看屏幕，靠语音就能够完成交互。第二个变化是后台大数据，众所周知大数据已经被列为美国国家战略，IBM 公司去年召开了一个全球的研讨会，明确提出从大数据到认知计算，也就是说在当前移动互联网时代数据为王，谁掌握入口，掌握用户数据，谁就是产业领导者，就像腾讯，掌握了即时通信的入口，百度掌握了搜索的入口。移动互联时代的入口变化是看谁能够在穿戴式设备中提供更便捷的交互方式，听和说会将成为未来人机交互的最主流方式。第三是大数据分析技术的变化，大数据已经从最初的简单的数据汇总发展到目前真正的能够认知计算。因此，科普产业要跟上移动互联网的时代变革，尤其是要充分考虑到未来的终端形态的变化、后台服务模式以及大数据分析技术等，并与之相匹配才会有更加广阔的前景，才能够引领将来的整个产业发展。

下面，我们将结合语音技术和产业，进一步谈谈语音云的科普应用。

一、智能语音技术概述

智能语音技术，简单来说就是让机器像人一样能听会说的技术。科大讯飞的目标是要从能听会说进一步到能理解会思考，主要包括语音合成、语音识别和自然语言理解技术。语音合成，可以让机器开口说话，把任意文字读出来，能够把科普资源变成更立体、直观的声音，并且可以设定男声女声不同的发音风格和特点，还能够模仿特定人讲话，能够带来很丰富的表现形态。语音识别，可以让机器听懂人讲话，可以将语音变成文字、可以识别说话人说话的语种等信息，相当于给机器装了一个人工的耳朵，在儿童科普中目前已有很好的应用，可以让玩具和儿童实现很好的交互。自然语言理解技术可以对自然语言进行语义理解给出适合的指令集合，相当于给机器装上了人工的大脑。总之，智能语音技术将在科普和人工智能领域有非常广阔的应用。

二、科大讯飞语音云

随着云计算及 3G、4G 技术的普及，科大讯飞于 2010 年在业界率先发布了语音云。用户在手机等智能终端上说话，数据会第一时间通过通信网络送到后台，运算完以后，传送回终端，形成文字显示出来。

2012 年 3 月 22 日，科大讯飞新一代语音发布会在北京国家会议中心召开，千人会场最终来了 2200 人，被业界的专业人士评价为最近几年最火爆的产品发布会。2012 年 12 月 5 日在移动的全球开发者大会现场，我们的灵犀语音助手发布会吸引了四千多名参会者，非常火爆。

讯飞语音云在 2010 年 10 月 28 日推出，2011 年的前半年增加了 100 万用户，后半年增加了 1000 万用户，2012 年增加了 1 亿用户，现在总下载量已经是 9 亿，去重用户是 5 亿以上，已经牢牢地掌握了语音领域的主导权。其中，我们的输入法已经有 1.5 亿的用户，灵犀、语点等语音助手用户也已经超过 1.5 亿。

讯飞输入法是由科大讯飞推出的一款输入软件，集语音、手写、拼音、笔画等多种输入方式于一体，又可以在同一界面实现多种输入方式平滑切换，符合用户使用习惯，大大提升了输入速度。讯飞独家推出的方言语音输入，支持粤语、四川话、河南话、东北话、天津话、湖南（长沙）话、山东话、湖北（武汉）话、合肥话、江西（南昌）话、闽南语方言识别。全球首创"蜂巢"输入模型，独家支持拼音、手写、语音"云＋端"立体输入引擎。

灵犀是由中国移动和科大讯飞联合打造的智能语音助手软件，打电话、发短信、查航班、看股票都可以。在与科普有关的方面，可以问诸如"宇宙的寿命有多长""十万个为什么"等有趣的问题。未来，如果针对科普方向做专门定制，只要有丰富的科普内容支撑，公众可以直接通过灵犀来获取科普知识。

此外，科大讯飞将语音云平台开放给第三方开发者，目前语音云平台上的开发伙伴已经超过 4.5 万家，也就是有 4.5 万个创业者在我们的平台上做各种运营，其中也有很多和科普相关的创业项目。

三、语音核心技术进展

科大讯飞的语音合成技术 2006—2014 年连续 9 年蝉联全球规模最大、最具权威的国际语音合成大赛（Blizzard Challenge）第一名；语音识别系统 2008—2012 年连续 5 届在参加的由 NIST（美国国家标准技术研究院）举办的说话人识别和语种识别大赛中名列前茅。

四、语音云开放平台架构

围绕语音的核心技术构建的语音云平台，能够提供语音合成、识别、搜索、自然语言理解等丰富的功能。通过语音云平台，基于用户管理和云存储，可以为海量用户提供服务，包括电视、iPad、手机以及 PC 等。

五、语音云在科普中的应用

语音云在科普中的应用具有广阔的开拓空间和发掘潜力。

第一，提供最自然便捷的科普教学方式。语音是人们与生俱来最自然便捷的沟通方式。移动互联网时代，会形成以语音为主，视觉、触摸为辅的沟通方式。有了语音交互，可以不受图形界面尺寸的大小和文本显示的限制，非常方便地实现与终端的智能交互。

第二，提供丰富多样的科普终端形态。从语音云的应用，可以看到从电视到玩具、从老人到孩子都适用，而且在终端选择上不再局限于电脑，各种终端都可以方便地在家庭里接入应用。

第三，提供海量用户的科普云自身平台。目前，科大讯飞已有 5 亿多的用户，每天五千多万次的访问量，可以承载将来面对全国科技馆参加的人次。

六、丰富多样的科普终端形态

（一）形态多样的智能语音玩具

丰富多样的智能玩具，从当年到能听会说的海宝，到现在各种各样的玩具，可以通过玩具讲睡前故事等方式潜移默化地将科普知识传递给孩子。

（二）开心熊宝

除了实体玩具，我们也为喜欢在 PAD 和手机上玩各种游戏的孩子研发了一款开心熊宝，可以讲故事，可以有科普，可以诗歌对答等，这一应用推出来一年多时间现在已经有两百多万用户，只要增加一个科普频道，这些用户都可以自然而然地转化为科普用户。

（三）智能语音电视

电视是科普很好的载体，电视面对的主要受众儿童、少年和老人，这恰恰是科普的主要受众。通过智能语音电视，我们可以很方便地点播科普电影。通过这些方式使得科普有了一个最贴近普通百姓的终端表现形态。

七、海量用户的科普支撑平台

语音云的科普应用的未来核心，第一，在于后台的内容怎样管理与支撑以及终端怎么贴近用户并展现出来。语音带来的第二个帮助，就是丰富的形态。第三，就是可以提供针对海量用户的科普云支撑。科大讯飞现有的语音云平台就可以为科普提供公共云支撑，也就是说在安徽的科普平台用科大讯飞的平台架构可以为全国，乃至全世界的科普提供一个公共的语音平台。

八、语音产业国家队

科大讯飞目前已经成为公认的语音产业国家队，科技部唯一的智能语音高技术产业化基地，发改委唯一的语音及语言信息处理国家工程实验室都落户在科大讯飞。2012年8月1日成立了中国语音产业联盟，科大讯飞是理事长单位，在国家推动信息消费的政策出台以后，语音已经被工信部软件司列为软件产业发展的第一重点。这些都使得语音云能够为科普提供重要的支撑平台。

目前，安徽省科协已经针对中国的科普产业，搭建了一个非常好的战略框架，我相信，有了我们的国家工程实验室，加上现有的科普实验室，一定会形成真正的产学研用的一体化平台，通过大家的共同推动，科普产业一定会大有作为。

新媒体环境下博物馆科学传播变革

王小明*

（上海科技馆，上海 200127）

摘 要

　　网络时代掀起了一场数字革命，移动设备使用量的日益增加，大数据产生的信息风暴改变了人们的生活方式和工作方式。博物馆也应该顺应网络时代的发展，变革自己的科学传播方式。各种层出不穷的新媒体技术则给博物馆提供了变革的工具，在新媒体时代孕育的上海自然博物馆在展示、教育、研究、收藏等各个方面都进行了信息技术应用实践。随着未来经济、技术的继续发展，自然科学博物馆需要一个全新的角色定位。

关键字

　　新媒体；博物馆；科学传播；变革

Abstract

　　Network caused a digital revolution, which leads to the increasing mobile device usage, meanwhile the information storm produced by big data changed people's life and work. With the help of a variety of new media, museum should change their ways of science communication, the new Shanghai nature museum has applied information technology on exhibition, education, research,

---

* 王小明，上海科技馆馆长，兼任华东师范大学终身教授、博士生导师、中国自然科学博物馆协会副理事长、上海科普教育发展基金会常务副理事长。

and collection. With the development of economy and technology， natural and science museums will be given a new role.

Keywords

New Media；Museum；Science Communication；Revolution

新媒体时代的到来改变了人们的思考方式和交流方式，同时也产生了一系列让人眼花缭乱的工具，互联网作为一种信息资源已经成为我们生活的中心。这些改变为博物馆这样的科学传播机构带来了挑战，同时也带来了机会。面对这场数字革命，博物馆必定要不断变革，那么博物馆为什么要变革，该如何变革，又应该变革些什么，以上就是本文所阐述的内容。

一、互联网使博物馆进入掌上时代

（一）移动设备的使用量日益增加

美国知名科技博客 BusinessInsider 的报道《移动的未来》（*The Future of Mobile*）显示[①]，从 2000 年到 2013 年，在联网设备中，个人电脑所占的份额越来越小，智能手机的数量急剧增长，平板电脑的数量也持续增加。平均每位美国智能手机用户在手机上 所花费的时间为 58 分钟。在这大约一个小时的时间中，28% 的时间用于聊天，21% 的时间用于编辑文本，17% 的时间用于社交网络，15% 的时间浏览网页，9% 的时间用于玩游戏，还有 10% 的时间用于干其他的事情。从 2009 年到 2013 年，人们在电视、广播、网络和打印机等设备上所消耗的时间都有所减少，唯独在手机上消耗的时间持续增加。在全球互联网流量中也有超过五分之一来自互联网。据预测，从 2011 年往后，全球移动视频的流量也会持续增长。

（二）大数据产生信息风暴

据统计，每年发行 12 期的月刊，52 期的周刊以及 365 期的日报，发行量也就超过百万，而互联网每时每刻的用户量都达到千万级至亿万级。我们

---

① Blodget H， Cocotas A. The Future Of Mobile. Business Insider. http://www.businessinsider.com/the-future-of-mobile-slide-deck-2013-3. 2013-5-27.

所熟知的社交媒体中，微信的用户量规模已突破 5 亿，微信公众账号突破 200 万，脸书（facebook）每天的数据处理量大于 500TB，上传图片量达 3 亿张，每天吸收新数据也达到 500TB 。由此可见，互联网催生了大数据，大数据时代到来也带来了一场信息传播的变革，我们有了更专业的行业需求分析，更精确的未来趋势判断以及更迅速的用户需求响应。

（三）新媒体时代催生博物馆变革

新媒体、互联网和大数据的出现使得科学传播变得社交化、移动化、形象化、可视化和智能化，科学权威的力量正在被消解，人人都可以通过互联网生产信息、传递信息和接受信息，因此人人都成为了媒体，也因此有大量的信息需要甄别。作为科学传播的重要机构，博物馆也必须跟上互联时代的脚步，根据互联网时代移动设备大量应用的特征，变革自己的科学传播方式，掀开博物馆的屋顶，推开博物馆的围墙，利用互联网、移动设备和各种新媒体技术，以开放的姿态，让科普资源在无限空间内传播。

二、新媒体技术与博物馆科学传播

互联网时代的到来，使博物馆面临科学传播方式的变革，同时也面临挑战。新媒体技术广泛应用作为不可阻断的社会趋势，对传统科普形式诸如博物馆、科技馆等场馆科普方式既提出了一系列挑战，也提供了全新的传播技术，诸如先进的宣传手段、展示技术。在马库斯数字艺术教育学院与国际新媒体联盟联合出版的 2012 年和 2013 年《新媒体联盟地平线报告》中，共列举了 11 种新媒体形式，许多形式都已经在博物馆中有所实践，他们或多或少都已经开始对博物馆的发展起着一定的作用。

（一）社交媒体——小圈子、大社会

社交媒体，英文为 Social Media，有时翻译成"社会性媒体"或者"社会化媒体"[①]，在百度百科中，社交媒体的定义是：允许人们撰写、分享、评价、讨论、相互沟通的网站和技术，是彼此之间用来分享意见、见解、经验和观点的工具和平台。从此概念上可以看出，人数众多和自发传播是构成社交媒

---

① 曹博林.社交媒体概念、发展历程、特征与未来 [J].湖南广播电视大学学报，2001，3：65.

体的两大要素。① 社交媒体的概念始于 20 世纪 90 年代末期，随着计算机和互联网技术的发展，社交媒体已经融入到人们的日常生活中，成为一种生活习惯或者说是生活方式了。

目前，许多博物馆的官方网站都成为社交媒体的一个重要平台。社交网站可以为博物馆和观众之间架起沟通的桥梁。十年前，博物馆官方网站的作用不过是网络广告，上面只有博物馆开馆时间、路线指示、入馆费用和展览预告等信息。而现在博物馆的官方网站成为了人们了解博物馆的主要途径之一。例如，在美国的印第安纳波利斯艺术博物馆（Indianapolis Museum of Art）的官方网站上，网络用户可以查到馆内藏品信息、博物馆视频、博物馆捐赠信息、会员信息、当天访客量、甚至是博物馆使用的能源消耗量等，同时，访者还可以在博物馆的社区网络中撰写博客，分享自己的见闻。

（二）移动应用——世界就在"方寸"之间

移动应用即 Mobile Application，缩写是 MA。简单地说，移动应用是在移动终端设备上使用的一种技术或系统。② Galaxy、iPhone 和 Android 等智能手机的发展，已经重新定义了所谓的移动技术，在过去的三四年间，体量小、易操作、低成本的软件在移动客户端上的扩展或者延续，已经成为科技发展的温床。而随着智能手机、平板电脑等移动设备的爆发式发展，移动应用也进入到了一个迅猛发展的阶段。

移动应用突破了时间和空间对人们活动的限制，以其便携性、形象生动的呈现方式等特点，深入影响到人们的衣食住行以及教育等各个方面。博物馆和一些文化机构发现，人文学科与移动应用能够进行更好的结合，通过开发小小的程序就可以向观众提供历史知识、传记、图片和游戏，甚至形成一些真实的场景来加深观众对藏品的理解。具备灵活性和可伸缩性的移动应用程序使得博物馆开始重新考虑为观众定制私人博物馆体验方式。个人移动设备与每个观众建立一对一的联系，这为博物馆创造了绝佳的机会，也使得博物馆更好地服务于以往被忽略的人群。

---

① http://baike.baidu.com/link?url=rf1W-UFT3VVeBOWGki7PpWYlOAg_DItmnuFPJ-uCdtsbDxN-aYRZ3h eUPEkDZfM4s0wBUhDcKVcTucSkQ7z2Aa.
② 吴希选，张成军. 移动应用市场发展状况分析.

移动应用对于博物馆来说，有重要的意义：首先，移动终端的知识服务，扩大了博物馆的宣传途径，让博物馆的知识更加具有关联性，使信息不再孤立，而是相互联系。在实践探究式学习的过程中，提供了有利的工具。其次，作为新媒体的载体，移动应用创新了博物馆公共文化服务方式，拓展了公共文化服务领域，丰富了公共文化服务种类，并且也提升了服务的质量。再次，移动应用有利于形成多样的博物馆宣传机制，营造良好的科学知识宣传氛围，创新博物馆对外的宣传方式，与国外发达国家科学传播方式上进行接轨。

（三）增强现实——提供不同凡响的体验

所谓增强现实是指用虚拟声音、图像和其他信息来增强现实世界里面的物体，增强现实技术是一种综合的技术，集合了全球定位技术、模式识别技术和视频技术等多种技术。北卡来罗纳大学（The university of north Carolina）的罗纳德（Ronald Azuma）提出，增强现实主要有三方面特点：将虚拟与现实结合、实时互动以及 3D 显示[①]。

"增强现实"与"虚拟现实"相对，在虚拟现实的世界中，我们与现实的物质世界隔绝。完全沉浸在计算机创造的虚拟环境里；而增强现实技术则立足于现实的物质世界，并对现实世界有一个增强显示，丰富我们对现实世界的认识。在增强现实的设备上会安装相应的软件，当该软件识别出相应的标志、物品或图像时，就会显示出相应的增强现实内容。1994 年，保罗·米尔格拉姆（Paul Milgram）和岸野文郎（Fumio Kishino）提出现实 – 虚拟连续统一体，将真实环境和虚拟环境分别作为连续统一体的两端，位于统一体中间部分的被称为混合现实，靠近真实环境的一段称为增强现实，靠近虚拟环境的则是虚拟现实[②]。

如今，增强现实技术已逐渐应用于各种博物馆中，特别是在儿童类博物馆和科学博物馆中尤为常见，因为，在此类博物馆中，观众往往会希望有更多的互动式体验。

---

① Azuma，R. A survey of augmented reality[J]. PRESENCE-TELEOPERATORS AND VIRTUAL ENVIRONMENTS，1997，6（4）:355-385.
② Milgram，P. & Kishino，F. A taxonomy of mixed reality visual displays[J]. IEICE Transactions on Information and Systems，1994，E77-D（12）：1321-1329.

在博物馆教育方面，通过增强现实技术，可以以更丰富的层次展现各种展品，增强现实技术能在展品实物的基础上，叠加各种新的信息，让观众获得更多的知识，特别是对于一些易碎或珍贵的展品，原本观众通常只能隔着玻璃看到展品的外观，但通过增强现实技术就能看到展品的各个细节，仿佛拿在手里仔细端详一般；对于博物馆教育而言，主要是希望通过一定的手段，使观众能对某个展品有更深刻地认识。增强现实技术能显示展品更丰富的信息，因此，能更好地达到博物馆的教育目的。

在博物馆的展示方面，增强现实技术还能将博物馆中的展品还原到其原本的环境中。博物馆中的展品往往从世界各地而来，来到博物馆后，这些展品被编号、归档和管理，它们都被从原本的环境中剥离出来，单独放在博物馆的环境中进行展示。利用增强现实技术则可使展品突破地理空间的限制，使其回归到原本的环境中，并且这样的回归并不是一种简单的回归，它附加了专家对该展品的研究和解读。从这个意义上来说，增强现实技术可能成为一种很好的博物馆辅助展示工具。

（四）自然用户界面——最自然的人机交互

在自然用户界面（Nature User Interface，NUI）概念提出之前，人们主要通过命令行界面（Command Line Interface，CLI）和图形用户界面（Graphical User Interface，GUI）实现人机互动。与命令行界面相比，图形界面更加直观生动、信息量更大，操作也更易于掌握。与命令行界面和图形用户界面相比，自然用户界面是一种无形的界面，不再拘泥于固定的输入输出形式，因此，人们在使用自然用户界面时往往意识不到技术框架。因为自然用户界面通过人们最自然的交流方式——肢体语言获取信息。这远胜于基于指令和图形的界面，也颠覆了我们对既有交互方式的认识。

触摸屏、视频以及动作识别产品，对于自然交互是很关键的，芬兰公司Senseg很早就将触觉技术应用于智能手机和平板电脑。紧接着电震动使得人机互动更加真实，这项技术是 1954 年发明的，当手指滑动时，绝缘表面会产生静电力，设备就会对触摸和纹理产生明显的感应[①]。Senseg 的电震动技术可

---

① Mallinckrodt，Edward；Hughes，A. L，et.，al. Perception by the skin of electrically induced vibrations. Science，1953，118:277-278.

以用于任何触摸界面①。迪士尼研究院（Disney Research）也在探索电震动技术②。未来的触摸屏增强设备为教育环境下的深度交互提供了可能，而且可以为身体和精神上有一定障碍的用户使用。这对博物馆来说是一项令人兴奋的技术，博物馆可以将其运用在自身的展览展示中，吸引更多的观众。

作为非正规教育的主要场所，博物馆希望用更生动有趣的方式吸引观众与之互动，同时，博物馆的空间也有利于将大型的自然用户界面用于展览和收藏。与传统技术相比，这种技术的创新点在于，博物馆的顾客可以零距离的获取各种信息，零距离的与艺术品互动。

自然用户界面使科技变得透明，它可以改变博物馆呈现藏品和展览的方式以及观众与博物馆的内容互动的方式。渴望触摸和操作藏品是博物馆观众与生俱来的，尽管保护展品可能会限制与藏品的互动，但是如今应用自然用户界面技术可以通过让参观者与环境和内容直接互动来弥补这一遗憾。随着新的用户界面越来越成为主流，博物馆也有可能使用这种不断发展的技术呈现全新的展览和讲解。

在博物馆环境中，自然用户界面对学习者产生了深远的影响。孩子们在操作多点触控界面时，可以自然而然地适应这种机制，这为课堂中使用类似触摸屏平板电脑等工具提供了支撑。自然用户界面也能更好地为聋哑人、阅读障碍症、孤独症或其他有身心障碍的人服务，例如曼彻斯特博物馆（The Manchester Museum）发明的一种可以供盲人和部分失明者触摸的叫作"Probos"的触觉装置③。这使用户通过触摸、语音和其他手势进行交流学习变得更加容易。

三、新媒体时代孕育的上海自然博物馆

上海自然博物馆（上海科技馆分馆）于 2009 年 6 月开工，预计 2014 年年底建成开放。上海自然博物馆建筑面积 45257 平方米，展示面积 12092 平

---

① How Helsinki-based startup Senseg creates touchscreens you can feel. Wired . http://www.wired.co.uk/magazine/archive/2013/04/start/senseg-wants-to-bring-your-screens-to-life. 2013.4.13.

② New Disney technology can add texture to completely smooth touch screens. TECHNOLOGY.http://www.pbs.org/newshour/rundown/2013/10/new-disney-technology-can-add-texture-to-completely-smooth-touch-screens.html. 2013.10.7

③ Museum Visitors Touch History. Computer Graphics World. http://www.cgw.com/Press-Center/In-Focus/2014/Museum-Visitors-Touch-History.aspx.2014.1.3.

方米。在新媒体时代孕育的自然博物馆通过集成媒体、标本数据、沉浸式剧场等多种方式提供了丰厚的教育资源，展示内容通过数字化的方式呈现，同时动态实时更新，可以让观众使用自己的移动设备实现时空自主选择。

（一）展示形式更丰富

1. 多媒体激光秀"自然史诗"

上海自然博物馆的展示形式除了传统的静态标本展示外，还开发其他多种展示形式。博物馆自制的大型多媒体激光秀"自然史诗"就通过博物馆的整面外墙放映，时间安排在博物馆闭馆后的晚上时间。通过巨大的屏幕，在博物馆的夜晚上映自然生命发展变迁的壮丽史诗，带给观众别样的观感体验。

2. 标本动态展示

上海自然博物馆在设计时努力通过声光电等现代技术，营造逼真变化的自然环境，使原本静止的标本活起来。其中代表性的展项就是生态万象展区的自然之窗和非洲大草原。自然之窗通过增强现实的方式，当人走近时，标本就会跳出来。由此引发人们思考，它为什么会跳出来，运用的技术是什么，进而思考这个动物生活在哪里，真正用一种探究式的方式去理解这个标本的生存环境和它存在的价值。非洲大草原则是通过营造环境气候变化使观众了解这些动物的同时了解其生存环境。

（二）互动方式更多样

上海自然博物馆中呈现的互动，不仅仅是观众与展品接触式的互动，而是运用新媒体技术，使观众通过移动设备实现远程互动。上海科技馆的蛇年生肖展"蛇行天下"就开发了一款手机 APP，增强了展览的互动性。除此之外，博物馆还通过各类数字媒体：网站、微博、数字期刊等发布博物馆的最新展览、活动等资讯，同时与观众互动。

（三）教育体验更立体

与传统的教育活动形式不同，除了通过展品的展示、触摸，科学实验的操作，更是通过移动通信技术使观众可以通过手机、平板电脑等移动设备观察真实的自然环境，从而将大自然变化的生态带进博物馆。使观众的教育体验超越了博物馆的建筑范围，翻越了博物馆的围墙。观众也可以通过自己的移动设备将这些影像带回家，带给没有进入博物馆的观众。

（四）传播渠道更多元

上海科技馆以及上海自然博物馆积极通过自主开发的科普影片进行多渠道科学传播。迄今为止，已完成多部珍稀动物纪录片和 4 维科普影片，具有上海科技馆自主知识产权的科普影视创作累计获奖 23 项，来自 BBC 和国家地理频道的评价认为，上海科技馆拍摄的纪录片具有国外优秀纪录片的深度和广度，同时里面表现了国外纪录片未能涉及的中国文化。因此在传播科学的同时也传播了中国文化。影片不仅通过电视频道播放，同时还投放到各大门户网站、视频网站、视频软件和交通路线，点击量巨大。

四、未来自然科学博物馆的角色定位

（一）终生教育的平台，未来教育的基础

未来的自然历史博物馆应该以发展的视角理解自然科学演化的轨迹，以前瞻性的目光审视自然科学研究的方法，以创新的角度发掘社会中隐藏的新问题，同时要以问题导向的教育方式，呈现动态开放的知识体系，让观众从多重维度进行科学探究，从而使博物馆成为终生教育的平台，成为未来教育的基础。

（二）科学研究的基地，科学发现的场所

未来的自然科学博物馆应该时刻捕捉科学研究动态，保持与前沿科学的密切联系。通过博物馆的展览展示揭示科学研究的新取向，对科学家的角色重新定位，通过科学分析与推断寻找人类和环境的关系，将自然、科技以及人类未来联系起来，保持博物馆展示内容的前沿性和先进性。

（三）不断革新的创意，没有围墙的圣殿

自然科学博物馆即使成功地成为了公众终身教育的平台、科学研究的基地和科学发现的场所，仍然要不断地反思，不断地革新。使博物馆科学研究的深度和广度不断被超越，学科与学科之间的藩篱不断被打破，人与自然、科技的关系不断地被反思。通过最新信息化技术的合理呈现，不断提升科学传播效能，使博物馆成为没有围墙的圣殿。

让科普更加惠及民生

孙成永*

（科学技术部社会发展科技司，北京 100000）

摘 要

科普是我国实施创新驱动发展战略的支撑和基础，也是一项与百姓生活息息相关的公益事业，对于推动经济建设，促进社会和谐，提升发展质量，建设美丽中国具有重要意义。我国科普现状与经济社会发展的需求相比仍有较大差距，与发达国家相比差距甚大。当前，民生科技的迅猛发展为科普源源不断提供着新的生长点，在食品安全、全民健康、应急装备、社会安全、社区科普等领域的科技成果普及和推广已取得一定成效，要利用多种渠道和手段，进一步加大对科技成果宣传和普及的力度，丰富和创新科普形式，加强科普信息化建设，让科普更加惠及民生。

关键词

科普；民生；科技创新

Abstract

Science popularization is the basis to support the implementation of the innovation-driven development strategy in our country, and is also a close link to the public welfare, which is significant for promoting economic development,

---

* 孙成永（1961—），吉林人，意大利帕尔玛大学生态学博士学位，现任科技部社会发展科技司副局级参赞，主要从事气候变化、海洋、社会事业等科技管理工作。

enhancing social harmony, upgrading the quality of the development, constructing a beautiful China. The science popularization in China is still far away from the demand of economic and social development, even farther away from those in the developed countries. Today, the rapid development of science and technology for people's livelihood has been constantly providing new opportunities for science popularization, especially in food safety, universal health, emergency equipment, social security, community science popularization and some other areas, for which the promotion of scientific and technological achievements have made some success. It is necessary to take advantage of a variety of means to further increase the publicity and popularity of scientific and technological achievements, enrich and innovate the ways of science popularization, enhance the information development and finally to make science popularization much more benefit people's livelihood.

Keywords

Science Popularization；People's Livelihood；Science and Technology Innovation

一、科普的惠民责任

（一）走中国特色自主创新道路，实施创新驱动发展战略

当前党和政府在推动的全面建设小康社会的道路上，提出创新驱动发展战略。科技创新要摆在国家发展全局的核心位置上，而科普是实施创新驱动必不可少的社会基础，也是公众理解科学的有效途径，与百姓生活息息相关，更是促进科技管理部门转变政府职能、加强公众服务的重要手段。要实施创新驱动，科技要引领未来。

科技创新和科学技术普及是创新驱动非常重要的两个因素，是助推国家创新驱动发展的支撑和基础。科技创新是体现国家地区综合竞争力的关键，科技技术普及也是科技创新的前提和基础。我国具备基本科学素养的公民比例2005年是1.6%，到2010年3.27%，到2015年要达到5%，这与发达国家，差距依然相当大，距离真正成为科技强国，我国国民的科学素质基础还是相当薄弱。

（二）科普的意义和重要性

科普以传播和扩散科学思想、知识与方法，进行知识形态转化为主要任务，是促进公众理解科学的有效途径，与百姓生活息息相关，更是一项重要的社会公益事业，能够推动经济建设，促进民主、稳定，提高社会和谐程度。

（三）目前科普现状及存在的问题

有数据显示，我国具备基本科学素养的公民比例从 2005 年的 1.6% 提高到 2010 年的 3.27%。虽然我国公民科技文化素质有了很大提高，但与经济社会发展的需求相比仍有较大差距，与发达国家相比差距甚大，公民的科学素养与我国成为世界负责任的大国还不匹配。

众所周知，近些年来社会上连续不断地发生了很多敏感事件。群众对敏感事件的反应，更多表现为不知情、恐慌，反应过激，对相关的科学知识不掌握、不了解。我们现在的科普可能更注重面向在校学生，但真正面向公众惠民，落到实处的还是很不够，所以这反映了全社会对科学知识的崇尚不够，以及科普的观念、方式、手段有所欠缺。

例如，对于日本福岛核泄漏事故后衍生的抢盐风波等案例，实际上就是对科学知识不了解，有的认为多吃碘盐就可以防辐射，有的是担心我国沿海受到事故污染，进而污染食盐，影响供应。但实际上食盐里碘的含量是很低的，而且食盐成分中的碘酸钾不同于碘片里的碘化钾，就算吃很多盐，也起不到多大的防辐射效果。另外，我国沿海离日本很远，海水被事故污染的可能性很小，而且我国食盐大部分是矿盐，海盐的量不会超过 20%。矿盐资源充裕，不会供应不上的。再如，神医张悟本事件，推广中医本身是件好事，也充分说明老百姓对中医的一种信赖和认可，中医理论确有其道理所在。但是，"神医"事件反映出老百姓缺乏基本的医学常识，并对中医出现了盲目崇拜。

因此，传统的科普方式在信息化社会条件下已日显滞后，需要进一步转变科普工作观念，健全科普基础设施，更新科普的观念、创新科普的方式和载体，以提升科学知识传播的效率，适应科普信息化发展对科普工作的新要求。

二、成果的普及推广

当前，尽管由于某些原因造成科技成果在民生方面的应用还比较有限，但一部分成果的普及推广，已起到了其应有的效果。

（一）食品安全领域

1."反弹琵琶"，突破关键技术，提升防控能力

在食品安全方面，老百姓对食品添加剂"谈虎色变"，只要把食品与添加剂联系起来就是坏东西，但是事实上食品如果离开了添加剂将很大程度的影响食用效果和储存。诸如此类，既然在特定条件下，不一定都是坏东西，那么我们须得有一个标准和规范，而这个过程就需要不断地科学试验和实证研究，以确定话语权，另外，借助公众的科普宣传是很好的渠道。科普需要专业的科学知识支撑，同时也需要合适的方式有效地传递给公众（图1）。

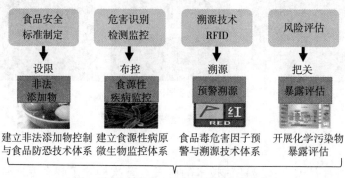

目标：保障人民健康、提高食品产业国际竞争力

图1　食品安全技术体系架构

2. 实施成效

（1）危害识别与监控能力大幅提高。

我国在食品安全危害物质识别方面，已实现定向检测到非定向筛查，其精度和广度大幅提升，技术水平基本与国际接轨。目前，已研发出500多项实验室检测方法，其中农药多残留检测覆盖700多种农药（占农药总数的41%），能同时检测500多种；兽药多残留确证检测技术覆盖20大类300余种（占兽药总数的70%～80%），能同时检测70种，激素多残留检测技术能同时检测50多种。非法添加物检测基本实现了对黑名单物质的全覆盖；致病微生物可同时检测20种常见食源性致病菌；非定向筛查方法能够筛查几千种化合物。研发的二噁英超痕量检测技术，将国际传统方法检测周期从2至3周缩短到1天完成，使中国成为国际食品法典委员会（CAC）二噁英等热点污染物的国际标准的起草国之一。

（2）快速检测产品基本实现国产化。

食品安全快速检测用抗体基本实现了国产化，共制备了各种抗体300多种；快速检测试剂和装备产业化水平明显提升，研发了500余种相关快速检测产品，产品的市场占有率从"十五"末期的不到10%上升到目前的90%，产值达到30亿~40亿元，市场监管和应对突发事件能力显著增强；

部分产品如敌草隆、阿特拉津胶体金免疫层析试纸条快速检测产品已被澳大利亚CRC应用于当地河流中敌草隆、阿特拉津污染的快速检测；玉米赤霉醇、磺胺、黄曲霉毒素等试剂盒和免疫亲和柱等产品出口到英国、斯洛伐克、印度、泰国、马来西亚、韩国等国政府实验室（图2）。

检测试剂盒　　　　　　　　免疫层析柱　　　　　　　快速检测卡

图2　食品安全快速检测产品

（3）风险评估与国际标准制定。

通过对食品安全风险评估技术的研发，首次构建了膳食暴露评估概率模型，成为继美国和欧盟之后全面掌握这一技术的国家。建立的食物消费量高端暴露数据，结束了过去倚赖欧美等少数发达国家的历史。建立了全国食品污染物监测数据库与中国营养与健康调查食物消费数据库匹配模型，在2008年三聚氰胺事件、2012年塑化剂事件、2013年二聚氰胺事件等事件中得到应用，获得了世界卫生组织等国际组织的认可。牵头国际食品法典的制定，牵头制定"预防和减少蔬果中黄曲霉毒素污染的生产规范"和"大米中无机砷限量"国际标准。

（4）预警溯源。

建立了食品污染物监测网和食源性疾病监测网，从最初的9个省（直辖市）推广到全国31个省（直辖市、自治区）和新疆建设兵团，覆盖全国100%省、75%地市和51%县的行政区域，30%以上人口，实现了食源性疾病主动症状的监测，及时发现了2008年奶粉中"三聚氰胺"问题。

食源性致病微生物分子分型国家数据库和国家网络已覆盖北京、四川、江苏、河南等 29 个省，并已在 2013 年北京 4 个学校 89 人跨区食源性肠炎沙门菌疾病暴发和四川眉山县学校鼠伤寒沙门氏菌中毒事件中成功溯源到食品。

开发的以射频识别（RFID）、物联网为代表的溯源技术在食品安全的种 / 养殖、屠宰、加工、仓储、运输等链条得到了应用。构建的覆盖全国的 China-trace 追溯网络架构，实现国内追溯与全球追溯的联网，仅在山东省就有 300 多家企业参与该系统。

3. 搭建食品安全监管平台

针对食品安全流通中关键环节的现场快速检测分析需求，建立了从检测到监控的食品安全监管平台。

实现了食品中致病性微生物、农兽药残留的快速检测，并利用终端集成的无线定位模块和无线通信模块与食品安全监管部门进行实时数据交流。

（二）全民健康领域

脑卒中干预治疗方案研究取得突破，改写了国际脑血管病诊疗指南。

短暂性脑缺血和轻型卒中每年新发患者 300 万例，约占脑血管病的 50% ~ 60%，目前早期使用阿司匹林治疗后复发率仍高达 10% ~ 20%。大规模（纳入 5170 例患者）多中心（17 个省市 114 家医院）临床研究开发优化抗血小板治疗方案降低卒中复发 32%，已纳入国际临床诊疗指南。原创脑卒中急性期干预策略首次在顶级国际杂志（NEJM）发表，并被欧美权威杂志评为 2013 年十大卒中最新研究进展之一。

（三）应急装备领域

民生科技的核心是"以人为本"。我国自"十一五"以来，投入大量科研经费，围绕突发事件应对过程中保护人、搜救人、抢救人、安置人的需求，自主研发了大量的技术装备并在煤矿救援、火灾消防、道路交通安全等领域开展了实际应用并取得良好效果（图 3）。

1. 矿用可移动救生装备

首创分体式设计理念、降温除湿过滤一体化无电源驱动技术和大容量长时 UPS 备用电源供电技术，达到国际领先水平。在没有外界动力条件下，可提供 8 人 4 天的生存环境（图 4）。

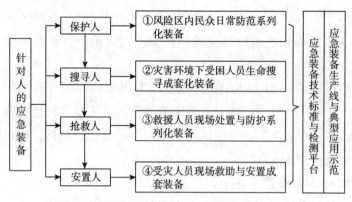

图3 应急装备技术研发技术路线

移动救生舱井下作业　　　过渡舱内部　　　　避难舱

图4 矿用可移动救生装备

2. 灾害环境生命探测与现场监测成套化应急装备

研发了基于飞艇、无人机平台的应急低空飞行器监测系统及其关键技术研发，形成具备自主知识产权的低空监测系统；研制完成废墟缝隙搜救机器人，总长度超过10米，可主动介入废墟缝隙中，利用多种传感器对幸存者进行搜寻，在寻找到幸存者后可以进行输水、输气等救援任务。自主研发了救灾指挥机构应急生活保障系统、救灾人员与受灾群众应急生活保障系统和3～5人受灾家庭生活保障单元3类覆盖救灾全周期的应急生活保障体系，受灾家庭生活保障单元样品应用于四川芦山地震救灾，使用简单，架设方便，取得良好应用效果（图5）。

检测飞艇　　　　　　　　废墟缝隙搜救机器人

图5 灾害环境生命探测与现场监测成套化应急装备

（四）社会安全领域

1. 法医 DNA 专用检测技术

成功研制出国产法医 DNA 检验试剂，并展开法医 DNA 专用检测平台关键技术研究，2012 年全套法医 DNA 检测分析系统顺利通过验收，实现了仪器、软件、耗材、试剂的全部国产化（图6）。

图6　社会安全技术体系

打破了国外企业对该技术与产品的垄断，是我国大型精密分析仪器制造领域的重大突破，填补了国内空白，有效增强了我国预防和打击刑事犯罪的快速反应能力（图7）。

图7　法医DNA专用检测装备

2. 法定证件

法定证件的实施，提升了身份证件专用芯片的使用寿命和可靠性，能够适应我国不同区域的环境参数；形成包含测试分析、可靠性试验和失效分析在内的专用芯片应用安全性评价环境，为电子身份证件测试、分析、试验系统的建立提供示范；被广泛应用于电子护照、电子驾驶证、门禁系统、大型活动证件以及其他法定电子证件芯片的质量评估中（图8）。

二级身份证升级 　　　　　　　　　　　　电子护照

图8　法定证件研制

（五）基于数字媒体技术的社区科普之家

1. 集成一批先进适用技术

该研究成果是将集成智能语音交互技术、非接触式互动展示技术、数字仿真与形体识别技术、智能传感和图像识别技术、无损健康检测技术等先进适用技术，提升社区科普的效率，扩大科技惠及和覆盖人群数量，让公众共享科技发展成果（图9、表1）。

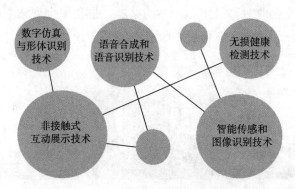

图9　社区科普之家技术集成系统框架

表1　社区科普之家技术集成系统设计

名称	作用	应用领域
数字仿真与形体识别技术	计算机采集三维图像进行实时处理，可识别肢体的空间位置、运动方向和运动速度，判断人的行为动作，进而控制输出设备进行反应	数字健身互动体验系统

续表

名称	作用	应用领域
非接触式互动展示技术	计算机可识别参与者的手势和动作，进而控制多媒体系统进行互动展示	超大屏幕多媒体互动科普展示系统
语音合成和语音识别技术	让计算机能听会说，能和参与者用语音进行交流互动	智能语音科普益智系统 科普互动系统 安全科普系统 科学健身系统
无损健康检测技术	无需采血和化验，即可检测心肺功能、人体成分等数十项医学指标，并结合专家信息系统给出健康咨询报告	身体健康检测咨询系统
智能传感和图像识别技术	可实时感知互动设备的空间位置、温度、压力、操作程序等多项参数，配合图像识别技术可实现多种危险和高成本设备的互动教学和实践训练	消防安全科普实践教育系统

2. 构建五大服务平台

结合社区公共服务设施的特点和社区居民的日常生活需求，构建儿童益智科普文化平台、健康科普文化平台、安全科普文化平台、科普文化视听平台、综合服务平台，实现食品安全、消防安全、防灾减灾、健康养生、数字运动、文化娱乐等功能，提升公民科学素质，提高幸福生活指数（图10）。

健康科普文化平台　　　安全科普文化平台　　　儿童益智科普文化平台

科普文化视听平台　　　　综合服务平台

图10　社区科普之家五大服务平台

三、几点思考

科技进步和社会发展，特别是民生科技的迅猛发展，为科学技术普及源源不断提供着新的生长点，使科普工作具有鲜活的生命力和浓厚的社会性、时代性。

如何做好民生科技的科普工作，使科技从"幕后"走到"台前"，从一个个看似高深的项目和实验等相对少数人开展的研发活动，通过多种方法、多种途径传播至广大民众，推动全社会公民科学素养的提升，推进社会的物质文明和精神文明，是科普工作者，乃至更广大的科技工作者责无旁贷、任重道远的工作任务。

因此，我们要立足科技，转变观念，服务民生，针对社会普遍关心的热点问题，加大对科技成果的宣传和普及力度，发挥专家和社会力量的作用，不断地丰富和创新科普的形式，整合资源，形成合力，利用各种社会公众喜闻乐见的方式，将科普与素质教育、文化传播相结合，把科普工作做活。另外，要加强科普信息化建设，借助先进的信息技术研发贴近老百姓生活的科普产品，真正把先进的科技成果、科学知识真正普及到普通大众，以提高公众的科学认知水平，推动创新型国家建设。

理论研究

网络对现阶段我国科技传播
的影响分析

包明明*

（1.中国科学院自然科学史研究所；2.中国科学技术出版社）

摘 要

网络传播作为继报刊、广播、电视之后的第四媒体，以其开放、迅速、交互和经济的特性对科技传播产生了深刻的影响，但也因此引发了一系列问题，例如信息泛滥、知识的过度碎片化、传播的随意性和传播误导的高成本。本文试图通过对当前我国网络科技传播特征的分析，进一步阐述网络对科技传播者的影响、对科技传播内容的影响、对科技受众的影响和对科技传播效果的影响。

关键词

网络；科技传播；特征；影响

Abstract

The Internet Communication，as the fourth media after newspaper，broadcast，TV，with its open，quickness，interaction，and economy，has had a profound effect on spread of science and technology，but also triggered a

---

* 包明明，女，现为中国科学院自然科学史研究所博士，中国科学技术出版社编辑，主要研究方向为科技政策、科技传播、科普产业。

series of problems， such as information overload，the excessive fragmentation of knowledge，the high costs of casual and misleading spread. This article attempts to discuss the influence of the network for science communicators，science and technology content，the audience of science and technology and the communication effect of science and technology， through the analysis of our country internet Communication characteristics of science and technology at present.

Keywords

Network；Spread of Science and Technology；Characteristic；Impact

引　言

在现代社会中，网络传播被视为继报刊、广播、电视之后的第四媒体，它是一种开放式跨文化的传播，具有多媒体（图、文、声并茂）、互动式（信息接收者可自主交流）和同时性（快速、及时、同步）等特征，在各种媒体中独树一帜，受到人们更广泛地关注。目前 Internet 正以超乎人们想象的速度向前发展。CNNIC 第 33 次中国互联网络发展状况调查统计报告显示，截至2013 年 12 月，中国网民规模达 6.18 亿，互联网普及率为 45.8%。网络发展到今天，已彻底改变了初创者为军事目的而设计的初衷。简易的操作，快捷的反应，广泛的影响力，互动的优势已使它日益成为人们生活中一种不可或缺的传播工具，对科学技术的传播产生着重要的影响。科技信息的网络传播带给人们的不仅仅是一场技术革命，而且是一种对原有的科技传播理论的挑战，是以科技信息的自由表达，自由选择为标志的全新的传播理念、传播文化。

科学技术知识的传播既有传播的共性，也有其独特性，即科技传播不仅仅是对事件的客观再现，也不允许带有浓厚感性色情的渲染，或者带有明显的价值倾向性。就目前被普遍接受的关于科学及科学研究的概念而谈，科学是运用范畴、定理、定律等思维形式反映客观世界的本质和规律的知识体系；科学研究则是不断完善这种知识体系，不断接近真理的过程。从这两个概念出发，可以总结出两者的一些特性，例如揭示本质和规律必备的抽象性、深刻性和专业性，认识上的持续性和不确定性等。也就是说以此为基础的科技传播必须具有高度的科学性和专业性，但这些特性与当前网络传播的及时性、开放性、便捷性却存在一定程度上的矛盾。网络科技传播就像一把双刃剑，一方面我们惊叹他的包容、神奇与魅力，另一方面我们也应注意到网络科技传播所带来的负面影响。

一、当前网络科技传播的特征分析

传统的大众传媒中，报纸的媒介表现形式是静态文字或图片，广播的是声音，电视则是声音和图像。而网络媒体的多媒体功能却不仅能向用户显示文本，还能同时显示图形、活动图像和声音，被定义为"数据、文本、声音及各种图像在单一、数字化环境中一体化。"集万般宠爱于一身的多媒体功能，使网络媒介同时具备了报纸、广播、电视的各种优势，但也因此引发了一系列问题。

（一）信息开放与信息泛滥

因特网带来了全新的信息交流方式，在网上，几乎所有的信息资源都是公开的，任何个人和机构都可以很容易地通过网络发布与接受信息。信息的开放与共享是网络传播媒体开放性之核心所在，这是任何传统媒体不可比拟的。例如，报纸每天的版面是有限的，它所传播的信息总是有限的；广播、电视则受到播出时间与频道的限制，观众只能被动地接受由广播、电视专业人员设置以后的信息。正是凭借这一优势，网络媒体吸引了越来越多的用户。于是，新闻事件、人文文化、广告促销、科学知识等纷纷选择网络作为最有效的、最与时俱进的传播渠道。

网络传播为科技信息的充分共享创造了便利的条件，人们在获得网络传播这种媒介的同时也就获得了信息，从而能够摆脱封闭的传统媒体束缚，自由地表达每一个人的观点。但与这一优势相伴而生还有由科学本身的特性决定的，以网络为传播媒体的科技传播所造成的信息泛滥。

网络传播每个人都可以成为科技信息的发布者。加之，我国现阶段的网络监管不到位、公众诚信意识不强、公民科学素养普遍低下等问题，以网络为媒体的科技信息极有可能存在科学误导、甚至伪科学的成分。

所以，现阶段在我国网络本身及其公众参与度的飞跃式发展与相关规范制度、公民思想意识的相对落后之间的不平衡性，直接导致了信息开放与信息泛滥这一对短时期内似乎很难调和的矛盾。

（二）传播的及时性与知识的碎片化

因特网是计算机技术与现代通信技术的完美结合，在高新信息技术支持下，因特网最突出的优势就是使信息传播的速度大大加快。网络传播信息的方式，信息量之大、增长速度之快、传播范围之广是其他媒体无法比拟的。网络信息传播媒体利用便携式电脑、数字式编辑机、个人手机客户端等现代化通信工具进行实时的编辑和报道。凭借丰富的联机数据库、可视化交互设备，就可以远距离获取所需信息，并能够快速地处理流动的信息。可以说，网络信息的采访、编辑过程就是其出版、传播的过程。人们在网上所看到的最新信息使我们能够在生活、工作的过程中实时地感知身外的世界，了解科学技术发展现状。因此，网络媒体传播信息的迅速性是网络媒体的又一个重要特征。以诸多科学热点事件为例，2011年3月11日13时46分，日本发生9.0级地震并引发福岛核电站事故。几乎是同时，全世界都知道了这一信息，这其中网络传播发挥了很大作用。很快有关核电站事故的分析、核辐射的预防知识铺天盖地，占据了各大网站的头条。2014年4月8日发生的马航失联事件也是同样，微博直播、即时更新，网络以其独有的优势不仅向网民实时通报事件的最新进展，也以最快的速度向公众普及着相关的航空知识，例如黑匣子的工作原理、拖曳声波定位仪的构造等。尤其是强大的搜索引擎技术使得公众能更有针对性地迅速获得所需要的科学知识。

同样，网络传播的及时性和获取知识的便捷性又在一定程度上削弱了科学知识的系统性。过分地追求时效性，造成有些传播者本身对科学理解不深刻，仅是只言片语跟风报道或者评论。如此一来，公众面对没有经过系统梳理的庞杂的信息，很难辨别孰是孰非。除此以外，"一步到位"的搜索引擎技术让网民更便捷的同时，也让系统的科学知识变得碎片化，对于科学素养还有待大大提高的公众而言，其带来的负面效应就是知其然而不知其所以然。

（三）传播的交互性与随意性

网络媒体区别于传统媒体最主要特征是网络媒体传播信息的交互性。

传统媒体是点对面的单向传播，以线性传播为主，是将信息"推"给用户。信息的传播操作在少数人手中，这些传播者决定了用户接受信息的时间、内容与方式。用户个人不能选择自己所需要的内容，因此用户总是被动的；而网络媒体突破了传统媒体的单向传播模式，实现了双向传播。网络媒体集中了很多信息，用户自己上网选择，网络媒体在传播信息的同时允许用户有高度的个人参与，这种方式增强了用户信息选择的自由度和主动性，用户自己可以决定接受信息的内容与方式。同时每一个用户在接受信息时还可以在网上发布自己想发布的信息，很容易地实现信息反馈并可以参与到网络媒体信息重组的过程。所以，与被动的单向传播相比，网络媒体帮助用户实现了交互传播，从而使网络传播带有强烈的个性化特征。就科技传播而言，德国知名的 researchgate 就很好地实现了科学家之间网络科技传播的互动性。这是一个科学家的学术交流平台，2009 年由德国的几名博士生开发，目前注册用户有四百多万，在这个平台上，每个用户都有自己的科学标签，系统可以主动推荐相同领域的学者，方便学者相互交流。在发达国家科学家建立自己的网站，或者通过社交平台实现与大众互动的例子也屡见不鲜。

相比较而言，我国在这方面做得有些不足。一方面，尽管知网、维普等数据库对学者之间的科技传播起了很大的作用，但究其根源，这些资料仍然来自传统纸媒，只是将其转成电子格式而已，无法实现真正的互动。另一方面，掌握科学话语权的科学家往往不屑于与网民的互动，更愿意著书立说，这其中当然主要与我国对科研人员的评价机制、一些政策导向有关。于是，便会出现以下情况，本该承担科学传播职能的科学家或科研人员在网络上集体失语，反而是一些媒体人士或非专业人士借助网络实现了很好地互动。典型的例子有，方舟子与崔永元就转基因食品的安全性引发的口水战，一些娱乐明星在网上大肆渲染某些产品对养颜、养生的神奇作用，某些商家在经济利益的趋势下借助网络大 V 的影响力和网民的热情参与传播错误的科学知识等。从这些例子可见，专业人士参与度不够的互动性在很大程度上造成了网络传播的随意性和伪科学性。

（四）传播形式的经济性与传播误导的高成本

作为"无纸印刷"的网络媒介打破了那种只有政府和拥有强大经济实力

的组织才能办媒体，传播科技信息的模式。网络受众可以通过电子论坛、电子邮件，或建立自己的网页、微博、微信等形式来"出版"自己的报纸或书籍，发表自己的言论，而且成本低廉。有人预测："用 Email 发送和印刷信息至少要比用纸张印刷便宜 400 倍"。

然而，以诸多优势深受大众喜爱的网络传播一旦误传，将会造成巨大的损失。尤其是错误的知识甚至伪科学借助网络迅速传播开后，极有可能引起一定程度的社会动荡，例如，日本福岛核电站事故后在我国先后引起抢盐风波、抢蒜风波，电影《2012》播出后在网络上流传的一些骇人听闻的科学误导，都严重影响了人们的正常生活。

二、网络对科技传播的影响

根据英国传播学家 D. 麦奎尔"5W"模式，传播过程有 5 要素见图 1。

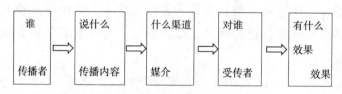

图 1　传播过程 5 要素

那么网络作为其中的媒介要素是如何对其他四要素产生影响的呢？

（一）网络对科技传播者的影响

传播者是信息的提供者，是传播行为的重要引发者，是传播内容的来源。在传统的科技传播中，传播者主要是政府科研机构，职业化的科学家，他们在政府的指导规划下向公众进行科学知识的传播。普通公民很少参与到科技传播中来，更不要说作为传播者了，其结果就是公民仅仅是被动消极地接受，或者根本就没有真正地理解科学，这在一定程度上造成科学得不到公众的支持。

网络传播以其前所未有的开放自由度和互动性，模糊了传统科学技术传播中科学家与公众的严格分界线。科技的传播者不再仅是政府科研机构或者科学家的专利角色，普通公众也可以作为科技传播者通过网络自由的传播科技信息。互联网的发展，为各种科研机构、科学共同体、社会群体和个人的广泛参与科学问题，表达自己的见解提供了重要途径和机会，公民可以与科学共同体直接沟通，能够与科学专家进行对话交流。诚如伯纳斯·李所言："在网上，任何一个人都是一个没有执照的电视台"。因为它不必像一些组织那样受到各种纪律、条令、制度等限制，科学家或者公众都可以发布一些因为有所顾忌而不敢发布的信息，或者是大胆的科学假说。

当然有利就有弊，网络当前的这种自由和开放在允许任何人都能成为科技传播者的同时，也带来一定的负面影响，一些传播者任意传播虚假错误的信息，特别是近来一些商家为了获得更大利润大力促销，在网上夸大科技产品的作用功能，完全违背了科学的客观准确性。这一现象，在医疗美容行业尤为突出，厂家常常假装科学家的身份在网上发表文章称患有某些病症的人是因为缺少某种元素而造成，他们的产品就含有这些元素，紧接着又扮演成服药后疗效显著的顾客跟一大堆帖子，网民接受了这些信息后纷纷购买该产品，其结果却是一场骗局。这些事例充分说明了网络一方面加强了公众参与科学，另一方面也极易带来虚假信息的传播和欺骗事件的发生。

（二）网络对科技传播内容的影响

网络的高度开放性使其信息来源广泛，观点多样化。基于此的科技传播可以克服传统科技传播知识结构的单一性。按一般分类原则，可将科技传播的内容分为 5 个方面：

（1）科学知识信息，具体表现形式为科学事实、科学判断、科学定律、科学定理、科学原理、科学假说等，是科技传播的基本内容；

（2）工程技术信息，是人们利用自然，改造社会环境的技能和方法的信息，包括新技术、新工艺、新方法等；

（3）科技动态信息，国内外科技发展现状，发展前沿；

（4）科学热点事件；

（5）广泛的民间传统知识和技术，例如中医药学，传统工艺等。

以网络为主渠道的科技传播，除了与传统媒体一样传播前 3 方面的内容外，对后两面的迅速、广泛传播应是其对科技传播内容影响的最主要的方面之一。

简而言之，网络科技传播内容丰富、时效性强，但与主要依靠专家团队，并经过层层审核的传统媒体相比，其传播内容的科学性、准确性还有待提高。

这其中，除了没有经过审核，传播者本身的科学知识有限以外，网络的匿名性——即使传播内容错误，也不需要承担太多责任，也在一定程度上影响了网络科技传播的权威性。

（三）网络对科技传播受众的影响

大众传播过程中大规模的媒介组织只是向大范围的受众传递大批量信息，它的最大特点就是遵循"大多数"原则，根据有限的不精确的反馈信息和传播者对公众科技信息需要的估测而传送出被认为是适合大多数受众需要的信息。于是无法与受众进行"点对点"交流的职业传播者只能为数量极大的目标受众去制作和发布群体化信息，而不可能只为某个人的某种要求去办一份报纸或一栏节目。这样做的直接后果就是当读者（或听众、观众）在拿到一份报纸（或看、听一个节目）时，浪费了大量时间，而自己真正感兴趣的也许只有极少的一部分或根本没有。

网络传播却能实现"为我——独一无二的个体，提供专门的信息。"互动技术的发展实现了信息提供者可以根据对方个性化需要为对方提供专门化服务；搜索引擎技术、智能推送技术让公众根据需要获取知识。对于网络受众而言，他们甚至可以把那些属于自己的个体化信息集中起来，给自己编一份属于自己的报纸或自己的一栏节目。

网络受众在信息面前人人平等。万维网的发明人伯纳斯·李在他关于万维网的宣言中曾说："在本质上，万维网是一个个人和组织分享信息的一个平台……正如印刷媒介一样，它是一个普遍使用的媒介"。网络媒体的出现，打破了传统媒介的地域限制，世界各地（无论是发达国家还是发展中国家）的网络受众（无论是比尔·盖茨还是那个乞丐）都可以接受来自四面八方的科技信息，人类文明成果在一定程度上得到了共享。网络使网络受众中的个人与个人，个人与组织，组织与组织之间达成了一种前所未有的平等。网络媒介使网络受众尤其是个人具有"广泛影响力"成为可能。

就网络科技传播而言，相比较其他媒体，我国公民以网络作为媒介获取科学知识的比例迅速增加。2010年公民科学素质调查显示，我国公民获取科技信息的渠道，由高到低依次为：电视（87.5%）、报纸（59.1%）、与人交谈（43.0%）、互联网（26.6%）、广播（24.6%）、一般杂志（12.2%）、图书（11.9%）和科学期刊（10.5%）。与2005年的6.4%相比，公民利用互联网获取科技信息的比例提高了 20.2 个百分点。在农村从 2005 年的 1.8% 上升到 2010 年的 18.0%，在城市从 2005 年的 13.4% 上升至 2010 年的 39.2%。

但网络传播的受众也有其局限性，例如从地域范围看，城市人口通过互联网获取科技知识的比率要远远高于农村（表 1）。从年龄结构层次上看，年轻人的比例较大。从专业人员的结构上看，高学历的比例较大。从收入结构情况来看，高收入者占的比例较大。这些因素制约了当前我国科普事业的发展，阻碍了通过网络提升公民科学素养的进程。

表 1　城乡公众获取科技信息渠道差异　　　　　　　　　　（%）

	2010 年		2005 年	
	城市	农村	城市	农村
电视	86.5	91.5	96.0	94.8
报纸	70.3	52.8	66.7	35.8
与人交谈	34.7	50.9	41.9	58.5
广播	20.3	28.8	23.0	24.9
图书	12.7	11.7	9.2	8.4
因特网	39.2	18.0	13.4	1.8

（四）网络对科技传播效果的影响

在传统的科技传播过程中，受众只能被动地接受职业传播者所传播给他们的内容，即使对此有疑问或者感觉到难以理解，也无法发表自己的看法或提出问题。而在以互动性为主要特征的网络媒介上，这些传统意义上的受众摆脱了被动的地位，成为与从前的职业传播者一样的主动的科技信息传播参与者。任何一个网络用户，都既可以在网上接受信息，也可以发布信息，可以提出质疑，传播者与受众是一个双向互动的过程，受众完全参与到科技传播中来，弥补了科学专家的局限和不足，同时也使科技信息受到公众的监督，在公众与专家之间展开了自由的对话。

总之，从网络传播特有的开放性、及时性、交互性来看，网络传播对科技传播、科学普及具有非常重要的意义。与传统媒体相比，是一种更容易让公众接受的传播方式，其效果也一定是更加显著的。但任何事物的发展都有两面性，当代我国网络科技传播的随意性、知识的过于碎片化以及缺少监管等诸多不利因素也会对公众正确、深入地掌握科学知识、理解科学思想造成一定的负面影响。

三、结语

从科学传播经历的历程（三个阶段即：传统科普、公众理解科学，反思性科学传播）来看，网络传播是科技传播发展的必然，它不再把公众看作不具备专业知识的外行，创造出通过作为外行的普通公众与作为内行的科学技术专家的对话而达成共识的全新的形式。但现阶段在我国由于网络传播的相关制度还不够完善，网络技术本身也有待于加强，人民科学文化水平较低、科学家不愿意参与科普等问题的普遍存在，网络科技传播仍有许多不足，并将长期存在。

参考文献

[1] 刘建美 . 新媒体对科技传播的影响研究 [D]. 锦州：渤海大学，2013.

[2] 丁诚，张阳德，彭锴，等 . 新媒体对科技传播的影响与思考 [J]. 中国现代医学杂志，2012（20）.

[3] 林坚 . 论科技传播中的信息选择 [D]. 北京：中国人民大学，2000.

[4] 翟杰全，郑爽 . 网络时代的科技传播 [J]. 北京理工大学学报（社会科学版），2000（3）.

[5] 刘华杰 . 科学传播读本 [M]. 上海：上海交通大学出版社，2007.

[6] 陈力丹 . 大众传播理论如何面对网络传播 [J]. 国际新闻界，1998（5-6）.

[7] 田胜立 . 网络传播学 [M]. 北京：科学出版社，2001.

[8] 张超，任磊，何薇 . 关于农民获取科技信息的媒介和渠道的思考 [J]. 中国科技信息 . 2012（21）.

[9] 潘海东 . 关于互联网科普工作的思考 [J]. 千人杂志，2014（1）.

[10] 中国互联网络信息中心 . 第 33 次中国互联网络发展状况统计报告 [R]. 2014.1.

我国科普创作人才组合模式研究

任嵘嵘* 邢 钢** 郑 念***

(***中国科普研究所，北京 100081；
* **东北大学秦皇岛分校，河北 秦皇岛 066004)

摘 要

科普创作是科学普及的源头，科普创作人才在科普创作过程中的重要性不言而喻，目前我国优秀科普创作人才十分稀缺，扩大科普创作人才的范围，激发科普人才的潜能，创作出更多更好的科普作品是所有研究者与管理者所期望的内容，但政策、法规的出台与制定需要相应的时间。因此在政策制定与细化的同时，可采用政府主管部门、学会（辖科技人员）、动漫工作室、出版社四位一体的科普人才组合方式，利用虚拟的团队模式，发挥各自的优势，极大地提高科普创作的效率。

关键词

科普人才；组合模式；四位一体；虚拟团队

Abstract

Popular science writing is the source of the popularization of science, the

* 任嵘嵘（1975—），河北省秦皇岛人，东北大学管理科学与工程方向博士，中国科普研究所博士后，副教授，硕士生导生，研究科普人才。
** 邢钢（1978—），河北省秦皇岛人，中国科学技术大学科技史方向博士，副教授，硕士生导生，研究科普评估。
*** 郑念（1963—），安徽歙县人，中国科普研究所，研究员，科普政策、科普评估。

importance is obvious. In our country the science creative talent is scarce. Expand the scope of popular science writing talent, inspire science talent to create more and better works is the expect of popular science researchers and managers, but the introduction of policies, regulations and formulate needs long time. Therefore, at the same time of policy formulation and refinement, it should be adopted that the combination of government departments, mass organization, the animation studio, the press, the use of a virtual team model, which greatly improve the efficiency of popular science writing.

Keywords

Science Talent；Model of Combined；Quadrics-unity Way；Virtual TAeams

科学技术创新和科学技术普及这两者都是科技工作的重要组成部分。科学技术普及，是激励科技创新、建设创新型城市的内在要求，也是营造创新环境、培育创新人才的基础工程[1]。如果说科技创新是船，科普就是水，水涨才能船高。近些年对于科普工作的重视程度在不断地增加，无论是从国家科普的保障条件，科普工作者的自身意识以及公众对科学的诉求都在不断地增加，对科普创新提出了更高的要求，要求创作出更多更好的科普作品。

一、我国科普的整体宏观形势

（一）国家对科普工作重视程度日益提高

科学技术与经济、社会生活之间的关系日益紧密，对国民素质的提升也提出了更高的要求。作为国民素质重要的组成部分，科普工作受到了政府和社会各界的高度重视。新中国成立伊始，全国政协在《共同纲领》第43条中就提出："努力发展自然科学，以服务工业、农业和国防建设。奖励科学的发现和发明，普及科学知识。"2002年《中华人民共和国科学技术普及法》（以下简称《科普法》）的颁布，也标志着我国作为全世界第一个把科学技术普及工作以法律条文的形式予以固化的国家。2006年国务院颁布的《全民科学素质行动计划纲要（2006—2010—2020年）》（以下简称《科学素质纲要》），首次把科学普及工作列为规划战略研究的专题之一。这些科普保障措施的出台，对于我国在提高科普能力、提高科普人员素质、搞好科普基础设施建设、搞好科普活动上都取得良好效果。通过制定完善的科普政策并有效执行，不仅可以动员社会各界力量，共同推动科普事业的发展，而且有助于营造良好的社会环境和社会氛围，提高社会各界支撑科学普及工作，积极参与科学普及活动，活跃社会科普活动的局面。

（二）科技人员的科普参与意识不断加强

进入 21 世纪，为了更好地进行科学技术的传播与普及工作，我国政府以法律的形式予以确定科技工作者的社会责任。国家不仅希望在科技创新的问题上科研人员要起到重要的作用；同时在科学传播与普及的工作中也要承担一定的社会责任。《科普法》第三章社会责任的第十五条中明确提出："科学技术工作者和教师应当发挥自身优势和专长，积极参与和支持科普活动"。但对于科普创作人才体系如何构建、科普工作推广等相应的配套政策措施仍有待进一步出台。2006 年 11 月，在科技部、发改委等六部委联合下发的《关于科研机构和大学向社会开放开展科普活动的若干意见》中，对各开放单位从事科普工作人员的队伍建设、业绩考核办法、工作量计算、职称评定、岗位聘任方面应予以倾斜；鼓励更多的科技工作者以志愿者的身份参与科普工作 [1]。可以看出科技工作者参与科普工作的责任更为明确。帮助科技人才树立科普的意识，同年，中国科学院作为科研单位，制定了《中国科学院科学传播中长期发展规划纲要》，对作为科技队伍中的一员需承担的科普责任进行了明确，依托其丰富的人才资源，在科技创新、科学传播与普及的工作中发挥重要的作用。

随着宏观背景的引导以及政策的细化与出台，科研人员的科普意识也在不断的加强，科学知识传播与转化的技能也在不断地增加。他们越来越多地参与到各类科普活动中，利用其自身的专长给予支持和配合。

（三）居民对科普知识的需求在迅速提升

今天的科普工作不仅是政府的责任、科学家的义务，更是公众作为社会公民的一种权利：公众有权利了解科学、参与科学，直至决策科学。科普需求体现层次性、社会性、时代性、差异性、客观性和热点性等特点。居民科普需求的主体是公众，是为了获取一定的科学技术知识和技能，树立科学思想和精神，即居民自身在一定的经济社会发展条件下，具备基本的科学素质，促进自身存在和发展的需要。居民个人的科普需求根据不同的人群可分为领导干部与公务员的科普需求、农民群众的科普需求、城镇劳动者的科普需求、未成年人的科普需求。不同类别需求的着力点也不同，如：提高决策能力、改善生活方式、提高就业技能以及形成良好的价值观等 [2]。最大限度地满足居民科普需求是科普工作的出发点和归宿。

二、科普创作发展现状不尽如人意

在国家对整体科普工作的重视程度日益增加，科普政策不断细化与完善，科研人员科普意识不断增加的情况下，我国在科普创作的表现不尽如人意，主要体现在以下几个方面：

（一）科普经费投入大，产出少

科普经费投入是开展各项科普活动的必要保证。科普法、科学素质纲要等法律法规都明确规定，各级人民政府要逐步提高科普投入水平，保障科普工作顺利开展。普及科学知识、倡导科学方法、弘扬科学精神、传播科学思想是《科普法》赋予科普工作的核心内容，也是一项长期艰巨的任务。根据科技部 2010 年《中国科普统计》结果表明，近年我国科普事业处于良好的发展态势，科普经费投入和人员数量显著增加。2010 年全社会科普经费筹集额99.52 亿元，比 2009 年增长 14.22%。人均科普专项经费 2.61 元，比 2009 年的 2.10 增加了 0.51 元。但 2010 年全国共出版科普图书 0.65 亿册，仅占全国图书出版总量的 0.91%；其中优秀科普作品乏善可陈。

（二）科普作品图书多，动漫少

作品形式主要以图书为主，虽然现在在包装、插画方面较以前有很大的改进，但图书走了两个极端，一个是低幼读物，容易理解，但内容太浅；二是专业科普读物，内容丰富，但文字枯燥无味，缺乏形象表述。同时对于最新科技成果的介绍中提到了很多专业术语，不太容易理解。使读者感到"懂的人不用看，不懂的人看了还是不懂"。从表现形式上看，随着新媒体技术的发展，使科学知识的传播多了不同的载体形式，也更符合时间的步伐。科普图书由于创作观念和手段陈旧，缺乏吸引力。同时在图书的构思、结构框架和语言表达方式上，与现代信息社会参与式、交互式、游戏式的平等传播观念相距甚远。

（三）科普作品低层多，高层少

著名科学家、中国科技馆原馆长王渝生教授对科普作品的评价是"科普书籍可能是比以前多了，看上去也是一片繁荣，但是许多图书是知识和图画的拼凑，面向儿童的好科普读物确实不多，原创的、优秀的更少。最近几年小朋友们喜欢的科普读物，许多都是从美国、英国、法国甚至韩国引进的。"[3]对于这一现实问题，一是因为出版社对于需要长线投入的科普作品，尤其是儿童科普作品关注不够；另外，国内科普作家还是不够专业化。现在科普工作者很多，但是科普工作者与科普作家是两回事；作家要有更高的水平，具备更多的知识，还要懂得儿童心理，了解儿童的阅读习惯。能够具备这些专业素养的科普作家不多，即使有一些，许多人也不愿坐冷板凳给小朋友们写东西。

（四）科普作者老龄多，青年少

科普创作人员更多的是一批老科学家，年轻的科研人员参与的比例较少。首先，从创作热情上，老科学家对于科学工作的热爱，使他退休后仍可以将他们的科学知识传播给公众。但从在老科学家有热情与能力的同时，也要看到时代的变化，老科学家与科技传播的新技术和方法与年轻人不太一样。要让一些在一线从事科技工作的专家、学者和技术人员作为科普创作的中坚力量，鼓励他们投身科普创作，把专业知识转化为面向公众的通俗化知识。此外，多数科普作家对现代高科技专业知识不够熟悉也是一个突出问题。

三、各单位的优劣势分析

当梳理各个单位对科普的贡献时，有很多内容可以罗列出来，但是综合到最终的科普作品时，成果又变少了。究其原因，有人说在培育上，有人说在激励上，有人说在投入上；这些都对，但这些因素的改变与扭转需要相当长的时间。

有没有快速有效的方式，在理论上和实践上都具有可操作性，提高现有科普创作的效率呢？这还是需要我们从现在的科普创作人才建设入手进行研究。在对科普创作人才的工作内容进行梳理时发现，不同的科普人才由于其工作内容相对割裂，没有形成团队，没有形成合力。我们通过访谈的形式，对从事过科普创作的人员进行访谈，表1为不同单位在科普工作中对于科普意愿、科普政策、扶持资金、专业知识、技术表现以及推广渠道方面的优势与劣势。根据部分该项访谈得出具体的科普创作能力强弱分析如表1所示。

表1　科普人才科普技能强弱分析表

	科普意愿	政策	资金	专业知识	表现技术	推广
政府管理部门	强	强	强	无	无	无
学会（辖科技人员）	强	无	中	强	弱	无
动漫工作室	强	无	无	弱	强	中
出版社	强	无	弱	弱	中	强
虚拟组合	强	强	强	强	强	强

政府管理部门在科普政策与资金方面具有绝对的优势；而学会作为平台，完成对科技人员的管理，在对专业知识的把握方面具有优势；动漫工作室在制作技术、文化创意方面是其强项；而出版社则拥有成熟的推广渠道。他们各有优势，各有不足。但同时我们看到，所有的部门在科普意愿方面都很强烈，可以将此项作为科普创作人才组合的主线，综合各方的优势与能力，在不增加科普投入的情况下，提高科普作品的产出率，多出成果，出好成果。

四、科普创作人才的组合模式研究

本文旨在提出科普创作人才的组合模式，各个科普工作单位，应以科普主创作为主线，发挥各自的优势和能力，形成合力。我国科普创作人才组合模式图如图1所示。

（一）政府应在政策上倾斜，在资金上扶持

政府的政策起到了引导与支撑的作用。因此国家在大力宣传科普工作重要性的同时，应逐步完善相应的政策及配套措施，提升科学技术传播与普及

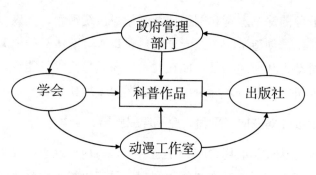

图1 我国科普创作人才组合模式图

的社会地位。使科普工作规范化、制度化、常态化。加大政府参与力度，将科研与科普有机结合起来，将科普引进到科技、教育部门的教育工作规划中。同时在资金方面，一方面政府提供引导资金，要求承担提供1∶1的配套经费，促进科普工作的开展；二是政府通过政策减免税收等。如果是盈利性企业，国家可以通过减免营业税、进口关税等对一些内容进行减免。

（二）学会引导科技工作者，提供专业知识

学会作为行业的纽带与中枢，为科技工作者搭建平台，让科技工作者充分了解科普的特点，明确科技工作者的社会责任；并提供科普技能的培训，让科技知识进行科普化的编译，以使更多的人了解科学、热爱科学。在推动科研人员参与科普的过程中，还要对科研人员进行合理优化分配，才能达到事半功倍的效果。对于善于与公众面对面交流的科研人员，可以安排互动式的科普参与方式；对于文字功底好的科研人员，可鼓励他们在科普创作上进行发展。再则，科研人员也是科普内容规划者和审核者的合适人选。相信科研人员能在建设创新型国家的征途中发挥双重的积极作用。

（三）动漫工作室科学提升，走专业化道路

动漫工作室，除了要不断提升自己的动漫制作技术以外，还要了解科学的相关内容，只有对该领域有所了解，才能够很好的发挥自己的创意，才能更好地领会科学技术的相关内容，并将其进行图形化的表达。这种变化不是技能上的，而是知识上的和专业上的，在市场竞争日趋激烈的今天，"求变"已经是必不可少的生存法则。这个求变的过程，也是动漫制作人员从被动接受专业知识到主动求索专业知识的完美蜕变。一些大型的科普动漫无一不是

基于对行业业务的深刻理解和剖析，继而颠覆传统理念，打破原有流程，推出全新业务模式，创造了一个又一个的科普奇迹。动漫只是个载体，只是业务变革的推进动力和实现工具，能在技术层面满足需求只能说"称职"；如能在专业层面引领行业，才能走出科普动漫的一片新天地。

（四）出版社提供推广平台，控制作品质量

出版社拥有着成熟的用户销售渠道，可以与他们联手，加大科普动漫的销售与推广力度。在科普动漫最初发端之时，应以加大数量为主，鼓励更多更好的科普动漫作品出现；但在经历一段时间后，科普动漫从技术到人员、到模式均成熟以后，科普动漫应朝精品化、专业化、品牌化的方向发展。出版社作为科普动漫作品设计制作的最后一个阶段，应把好作品的质量关，为优秀的科普作品保驾护航。

五、结语

本文针对我国科普创作人才组合模式进行探求，提出政府主管部门、学会（辖科技人员）、动漫工作室、出版社四位一体的科普人才组合模式，为科普创作人才的培养，科普原创作品的繁荣与发展奠定了基础。

参考文献

[1] 王洪清. 关于 2010 年中国科学素养调查结果的思考 [J]. 科技情报开发与经济，2011，21（14）：139-140.

[2] 高婷. 我国科学普及政策及其实施体制探讨 [D]. 成都：四川师范大学，2009.

[3] 罗影. 中国科普期刊发展现状及比较研究 [D]. 北京：北京师范大学，2007.

[4] 任福君，张锋. 关于科普资源需求的若干思考 [C]. 国家科普能力建设北京论坛. 2010.

[5] 李新玲. 科普作家为何不愿坐冷板凳？表面繁荣 原创较少 [N]. 中国青年报，2011-07-22.

安徽省世界一流基础科研成果
的科普化调研

王国燕[*]　许　骏[**]　刘燕燕[***]

（中国科学技术大学科技传播与科技政策系）

摘　要

世界一流的基础科研成果是非常重要的科学资源，它可以直观地反映地区的科研水平，也可以提升公民的科学素养。近年来，安徽省的科研机构频繁在世界一流的顶级期刊 *Nature*、*Science*、*Cell*、*PNAS* 上发表基础科研成果，这些资源的现状、发展趋势以及科普化状况往往没有得到充分的调研和分析。本文通过对安徽省的各科研机构和科研单位的世界一流基础科研成果的研究，系统化地呈现出安徽省科研成果科普化的现状与发展，也能为安徽省的基础科学研究建设和科研成果科普化运作提供一定的思考和建议。

关键词

科研成果；科普化

---

* 作者简介：王国燕（1980 —），博士，女，陕西户县人，中国科学技术大学科技传播与政策系支书记，助理研究员，中国科学传播学学会理事，主要从事科学传播及视觉传播方向的研究。
** 许骏（1990—）中国科学技术大学媒介文化专业研究生。
*** 刘燕燕（1988—）中国科学技术大学科技传播专业研究生。

Abstract

World-class research fruits are very important scientific resources, they not only can reflect the intuitive level of scientific research areas, but also can enhance the scientific literacy of citizens. In recent years, many research institutions of Anhui Province, frequently published papers on the world-class research journals, such as Nature, Science, Cell, PNAS. The development trend of these resources, and the situation of science popularization is often not adequately research and analysis. Through the research on the basis of world-class scientific research institutions and scientific research units of Anhui province, This article show the status quoand development of popularization of science research in Anhui province. It also provide some recommendations for the construction of basic science and research the operation of popularization of science research in Anhui.

Keywords

Research fruit；Popularization of science；Empirical research

根据自然出版集团公布的《自然出版指数 2011·中国》报告显示：中国排名前两位的科研机构分别是中国科学院和中国科学技术大学；而就中国城市的科研基础实力而言，合肥市位居中国大陆第三位，仅次于北京和上海。不仅省内科技实力靠前，安徽省科技资源也十分丰富，拥有三项"大科学工程项目"，占全国总数的 30%；国家实验室 3 个，占全国的 16%。近几年，安徽省的世界一流基础科研成果更是丰富多彩，如"八光子量子比特的拓扑保护""百公里量子态隐形传输""新型的惠勒量子选择性延迟试验""全基因组研究发现红斑狼疮易感基因""全基因组研究发现精神分裂易感基因"等重大科研成果纷纷发表在国际最顶级的四大学术期刊 Nature、Science、Cell、PNAS 上。中国科学技术大学、中科院合肥物质研究所、安徽医科大学等省内科研机构，也已经成为国际学术界的重要力量。

本研究旨在通过系统分析安徽省世界一流的基础科研成果的资源及其科普化进程，系统了解安徽省科研团队的世界一流科研成果的分布情况及其科普资源，从基础科研领域的成果的客观数据印证安徽省在全国的科研优势，为以后全省的科研资源分配及决策提供可靠而翔实的科学参考。同时，研究顶级科研成果的科学传播机制，也可以为安徽省的更多成果提供专业化科普服务，为发展中的科研机构提供本省的成功方法和案例学习。

一、安徽省世界一流基础科研成果的量化研究

本研究致力于调研安徽省 2004—2013 年发表在 *Nature*、*Science*、*Cell*、*PNAS* 系列国际顶级期刊的顶级科研成果数据，系统分析基础科研重大成果的科学传播状况，以"平面媒体赋值"和"网络媒体赋值"两个维度考量科研成果的科普报道和受众接受广泛度；以寻求有效的科学传播范式，可视化传播规律以及顶级科研成果转化为科普资源的引导机制，以便服务安徽省更多高端基础科学科普发展，提升安徽省科研实力的国际影响力，促进安徽省的软科学实力以及对外科技交流合作。

（一）安徽省世界一流基础科研成果的期刊分布

首先，经过初步的调研发现 2004—2013 的 10 年间，安徽省的科研机构共在 *Nature*、*Science*、*Cell*、*PNAS* 四大期刊及子刊上发表了 237 篇世界一流科研成果（该数据不计省内机构合作的重复计数）。其中，安徽科学家在 *Nature* 及其子刊上共发表科研成果 144 篇，在 *Science* 及其子刊上发表了 25 篇高端成果，在 *Cell* 及其子刊上刊登了 14 篇，在 *PNAS* 上发表了 54 篇。

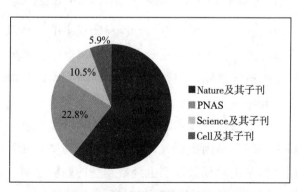

图1　安徽省一流科研成果的国际顶级期刊分布图

安徽省各科研机构十年来发表在 *Nature* 及其子刊上的科研成果占全省顶级科研成果总量的 60.8%，在 *Science* 及其子刊上发表的占 10.5%，发表在 *Cell* 及其子刊上的占 5.9%，在 *PNAS* 上发表的占 22.8%。可见安徽省的科研成果较集中的发表在 *Nature* 及其子刊以及 PNAS 上。

（二）安徽省世界一流基础科研成果的科研机构分布

如果算入省内院校间的合作成果，安徽省的各科研机构的国际一流科研成果产出分别是中国科学技术大学 186 篇，安徽医科大学 29 篇，中科院合肥物质研究院 12 篇，安徽大学 5 篇，合肥工业大学 4 篇，蚌埠医学院和皖南医学院各 2 篇，安徽农业大学、安徽中医药大学、安徽省立医院、芜湖市第四人民医院、安庆市人民医院、解放军 105 医院各 1 篇。主要省内科研机构的世界一流科研成果产出比例如图 2。

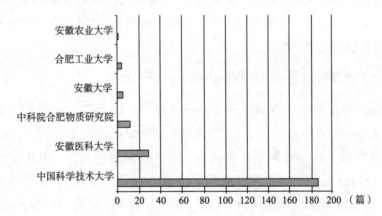

图2　安徽省科研机构的国际一流科研成果产出柱状图

由此可见中国科学技术大学的世界一流科研成果的产量以 186 篇稳居安徽省内第一。安徽省内前三名的国际一流科研成果产出机构分别是：中国科学技术大学，安徽医科大学以及中科院合肥物质研究所；紧随其后的是安徽大学和合肥工业大学。

值得一提的是，中国科学技术大学的量子物理、微尺度、化学、地球科学以及安徽医科大学的全基因组研究，中科院合肥物质研究院的物理学以及新能源开发应用，都是国际顶级期刊上经常刊登的强势学科，也是安徽省具有国际竞争力的一流科研强势学科和研究领域。

（三）安徽省世界一流基础科研成果的发展

安徽省在 2004—2013 年的短短十年间，世界一流的科研成果呈现快速增长。由 2004 年的 3 篇成果，到 2013 年的 77 篇世界一流科研成果，安徽省实现了科技水平的飞速发展和科研实力质的飞跃。这不仅归功于安徽省科学家的辛勤劳工，也体现出了相关管理部门的工作成果，正是科技和教育行业良好的科研政策为科学家和科研机构带来了良好的科学研究条件。这样的飞速发展，使得省内高校和科研机构密集的省会合肥市成为自然出版集团评选出的中国大陆第三位的科技"强市"，仅次于北京和上海。

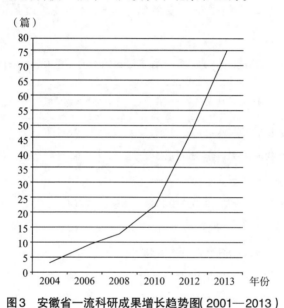

图3　安徽省一流科研成果增长趋势图(2001—2013)

二、安徽省世界一流基础科研成果的科普化研究

（一）安徽省世界一流基础科研成果的科普化研究数据分析

根据对每一项安徽省世界一流科研成果的科普化基础调研，我们发现，在近十年的安徽省世界一流科研成果中，受到媒体关注度最高的科研成果是中国科学技术大学的潘建伟院士研究组的科研成果"Observation of eight-photon entanglement"，发表在 2012 年 4 月的《自然·图像》上。该"八

光子量子比特"的成果被 9 家国家级平面媒体报道：《科技日报》《中国科学报》《中国青年报》《中国教育报》《人民日报》《中国日报》《经济日报》《光明日报》《科学时报》；3 家省市地方级平面媒体报道：《合肥晚报》《安徽日报》《海口晚报》；被 6 家大型门户型网站报道：搜狐网、新华网、新浪网、网易、人民网、科学网，被转发，引用的次数不可估计，造成了非常轰动的科普效果，提升了中国科学技术大学的影响力以及安徽省的科研形象；也让普通民众了解了量子物理的神奇以及科学研究的趣味。

根据我们的基础调研数据，安徽省十年来科普化程度最高的十项世界顶级科研成果如表 1 所示。

表 1　安徽省十年来科普化程度最高的十项世界顶级科研成果

科研机构／科学家／成果名称	平面媒体媒体赋值	网络媒体赋值
中科大 潘建伟组 量子物理 "八光子量子比特"	9.3	6.2
中科大 侯建国组 物理学 "最高分辨拉曼成像"	6.3	12.6
中科院合肥物质研究所 物理学 东方超环 "east"	5.5	8.6
中科大 张铁龙 地球科学 "金星上发现磁场重联"	5.4	9.7
中科大 梁海弋 物理学 "百合花开力学原理"	4.3	4.2
中科大 郭光灿组 物理学 "新海森堡不确定性原理"	3.1	7.2
中科大 张居中 考古学 "发现中国九千年前酒配方"	2.8	6.2
合工大 刘永胜 生物学 "绘出猕猴桃基因组草图"	2.5	4.6
安医大 张学军组 临床医学 "发现麻风病易感基因"	2.2	10.5
安医大 张学军组 临床医学 "发现白癜风易感基因"	2.4	2.1

由此可见，中国科学技术大学的量子物理和理论物理研究以及地球空间研究，包括科技考古学都是比较强势的学科，合工大的生物学研究也走进了世界先进水平，安徽医科大学的全基因研究也为临床医学和生命科学的研究做出了巨大的贡献。省内著名的科学家团队分别是中国科学技术大学的潘建伟组，侯建国组，郭光灿研究组以及张铁龙研究组，安徽医科大学的张学军团队也具有很强的科普化水准，尤其是张学军教授在《健康报》等传统媒体上自撰解析自己课题组研究方法和研究前沿的科普性文章，可以为省内的科

学家提供科普模式借鉴。

（二）安徽省世界一流基础科研成果的案例分析

在 2004 年发表在美国科学院院刊 PNAS 的文章 "Fermented beverages of pre- and proto-historic China"中，中国科学技术大学的张居中教授与美国宾夕法尼亚大学的考古学团队合作发现了舞阳县 9000 年前的酿酒旧址，这比历史上记载的最早的啤酒酿造还要早。由于该项研究具有历史性以及开拓性的意义，立刻引起了中美两国，乃至国际学界的关注。由于双方分工合作，张居中教授将考古遗址中的酿酒工具文物交给美方分析化学成分。可是不久以后，这份古老的酿酒秘方被美国宾夕法尼亚大学的 McGovern 教授商业出售给了美国的酿酒公司，并且取名为"贾湖城"啤酒，以"恢复最古老的东方酿酒秘方"为噱头进行广告宣传。并且取得了不错的商业效益，但是以自身的科研成果为名没有征求中国科学家以及遗址管理部门的同意。后来张居中教授团队对美方进行了长久的声讨和谴责，但最终也无疾而终。这个案例说明，在利用西方的先进科研方式进行研究的时候，我国科学家一定要注意科研机密的保密工作和民族文化的保存。国际合作固然有利于科技发展和一流科研成果的产出，但是具备科研道德，防范机密外泄对科学家今后的科研也十分重要。

三、安徽省世界一流基础科研成果的科普化建议

首先，安徽省的世界一流基础科学科研成果一定要注意其可视化的表达，有研究显示，四大期刊的封面文章的影响因子是同期其余文章的数倍，将科研成果进行可视化设计和成果展示，是国际一流基础科学科研成果的发展趋势。

其次，在调研中发现科大的成果搜索起来比较方便，说明科大的科普模式在省内还是领先的，值得省内的其他科研院校学习，如能总结出中国科大的科普模式，能为全省的科研机构提供借鉴和学习范本。

研究还发现，PNAS 和 Cell 的影响力在科普新闻上不如 Nature，Science 及其子刊，作为较为重要的国际型学术期刊，省内各院校和科研机构该加强对此方面的宣传和重视，提升自己的科研产出的影响力和科普程度。

安徽省内部的医科研究机构和院校的合作研究值得重视，因为皖南医学院，安庆人民医院，芜湖第四人民医院等作为相关单位在 *Nature* 子刊上出现都是因为与安徽医科大学的协作研究，全基因组分析的相关研究恰巧需要很大的样本量，为区域合作奠定了刚性需求。

最后，学术性很强的研究成果需要经过科普工作者的加工才能进行广泛的传播，没有任何影响力的研究成果多是缺少了科学普及化的表述的这一环节而与社会大众脱轨，难以被公众接触到。这需要科普新闻工作者加强自身的科学素养以及加强与科学家团队的沟通和了解，例如："Experimental control of the transition from Markovian to non-Markovian dynamics of open quantum systems"被提炼为"中科大科学家实现对于量子的环境控制"后，作为了很多网站和纸媒的头条新闻，也使得公众更容易理解和接受。

四、小结

近年来，安徽省的科研实力飞速发展，这就对科研成果的科普化提出了更高的要求。通过对安徽省发表在四大国际顶级期刊上的科普成果的科普化研究，必然使安徽省的科研成果科普化工作更加系统和科学，有助于安徽省科研实力的未来发展以及科研强省的地位巩固。这些研究成果可以服务于中国科学技术大学、安徽大学、合肥工业大学、安徽医科大学等著名的省内高校。

参考文献

[1] （美）J.D.Miller. The measurement of civic scientific literacy[J].Public Understanding of Science, 7（1998）:203-223.

[2] （美）Felice C. Frankel Visual Strategie—A practical guide to graghics for scientists & engineers [J] .Yale University Press, 2012.

[3] 王国燕，汤书昆 . 论科学成果的视觉表达 [J]. 科学学研究，2013（10）：1472-1476.

[4] 王国燕、姚雨婷、张致远 . 世界顶级科技期刊封面科学可视化的三大特征 . 出版发行研究，2013（11）：86-89.

性别视角下女性新媒体的科学传播

[中科直线（北京）科技传播有限责任公司 北京 100083]

女性新媒体中的科学传播背后隐藏着女性新媒体对科学正确认知的缺失。从女性主义的视角出发，传统性别观念依然是当今社会新媒体的主流。在传统社会性别文化中，女性的职责在于育儿持家，而男性才是国家、社会和家庭的支柱。女性新媒体中的科学传播主要关注女性的家庭生活、美容、育儿等话题。当代女性新媒体仍然承载着浓重的男权价值导向。关注女性科普，分析有效提升女性获取新媒体科普资源的对策，对于女性自身的科学素养及其后代的科学素养水平具有重要意义。

The science communication of new media for women is short of correct understanding of science. From feminist perspective, traditional gender concept in today's society is still the mainstream of the new media. In the traditional

* 龚艺（1986—），女（汉族），湖北人，北京科技大学科学技术与文明研究中心硕士研究生毕业。研究方向为科学传播，技术史理论。现为科普产品国家地方联合工程研究中心北京分中心、中科直线（北京）科技传播有限责任公司科普项目总监，主要负责大型科技场馆类项目创意策划，科技传播模式创新研究等。

gender culture， women's job is to parenting， homemaking while men are the pillar of the state， society and family. The science communication of new media for women focuses on women's family life， beauty， parenting and other topics. Contemporary women new media still carries a strong patriarchal value-oriented. For the scientific literacy of women themselves and their offspring， pay attention to women popularization of science， analyze strategies for enhance women's access to science resource in new media， is of great significance.

Keywords

New Media；Science Communication；Feminism

在传统的科学传播研究中，媒体通常被作为科普的一种媒介，充当科学传播的一种工具。伴随着数字化知识经济时代的到来，新媒体作为科普主体的地位日益凸显。其中，以女性为受体的新媒体逐渐壮大成一股不可小觑的科普主体力量。解析女性新媒体对女性的科学传播作用将有助于提升女性的科学素养，提高女性科技劳动力的质量，改善女性经济地位低下的局面，增强社会整体实力。

一、女性新媒体中的科学传播

新媒体是基于计算机技术、通信技术、数字广播等技术，通过互联网、无线通信网、数字广播电视网和卫星等渠道，以电脑、电视、手机、个人数字助理（PDA）、视频音乐播放器（MP4）等设备为终端的媒体。能够实现个性化、互动化、细分化的传播方式，部分新媒体在传播属性上能够实现精准投放、点对点传播，如数字电视、电子杂志、博客、微博、微信等[1]。以女性为受众对象的新媒体作为数字化新媒体的重要一极，对女性科普的发展具有不可忽视的作用，对女性科学素养的推动也有重大的影响。

"科学素质"一词译自英文 Scientific Literacy，是 1952 年由美国教育改革家科南特（J.B.Conant）首次提出的。在我国，"科学素质"也称"科学素养"。公民科学素质是可以测量的。用公民科学素质指标来衡量公民科学素质发展水平是目前国际上一些国家和地区的通行做法。公民科学素质指标（Civic

Scientific Literacy，CSL），是反映群体公民科学素质发展水平的综合指标，从了解科学知识、理解科学方法、理解科学技术对个人和社会的影响等三部分构成。

自 20 世纪 90 年代初以来，中国科学技术协会分别于 1992、1994、1996、2001、2003、2005、2007 年和 2010 年在全国范围（不包括香港、澳门和台湾）内开展了 8 次中国公众科学素养调查。调查结果显示，总体上，中国公众的科学素养呈缓慢上升趋势。2010 年具备基本科学素养的公民比例达到了 3.27%，比 1996 年的 0.2% 提高了 3.07 个百分点，比 2001 年的 1.4% 增长了近 1.87 个百分点，比 2003 年的 1.98% 增长了 1.29 个百分点，比 2005 年的 1.60% 提高了 1.67 个百分点，比 2007 年的 2.25% 提高了 1.02 个百分点。

值得注意的是，新媒体对于科普的巨大影响。2010 年，我国公民获取科技信息的渠道，由高到低依次为：电视（87.5%）、报纸（59.1%）、与人交谈（43.0%）、互联网（26.6%）、广播（24.6%）、一般杂志（12.2%）、图书（11.9%）和科学期刊（10.5%）。其中，2010 年公民利用互联网渠道获取科技信息的比例明显提高。与 2005 年的 6.4% 相比，公民利用互联网获取科学技术信息的比例提高了 20.2 个百分点 [2]。

随着数字化互联网的发展和网民数量的不断增加，很多主流网站开辟了与科学和技术相关的栏目频道，例如新浪科技、搜狐科技、网易科技等。新媒体的科学传播俨然成为大众科普的重要途径。值得关注的是，除了各大门户网站开辟出的女性频道，例如新浪女性、搜狐女人、网易女人、腾讯女性等。近年来，各类女性网站也数不胜数，例如瑞丽女性网、太平洋女性网、人民网女性等。从女性新媒体中科学传播的内容看，这些女性新媒体传播的主题主要集中于服饰、美容、靓发、家居、生活、星座、情感等。与科学技术相关的内容主要是科学饮食、科学健康养生、科学美容护肤、科学减肥塑身、科学生育育儿、科学教育子女等家庭生活科学知识。

从女性新媒体中科学传播的真实准确性来看，其传播内容存在着以下三大问题。第一，夸大科学技术的作用。例如美容针剂玻尿酸 [3]。第二，假借科学传播，利用高科技的噱头，在商业利益的驱使下，诱导女性消费"高科技"产品。例如对女性隆胸假体的宣传，媒体比较分析了五种隆胸假体——Magic、美国曼托、美国麦格、德国德美和法国 ES 每种胸型的优缺点，并强调当代隆胸技术已经非常先进。不仅会在术前用数字化整形系统模拟术后形态，精确定制胸型，而且手术过程中用内窥镜可全程清晰精细化操作。并且手术时间短，无创伤、恢复快，第二天即可出院，对爱美女性的正常生活和工作毫无影响。新媒体鼓励女性改变自己的胸部，追求"美胸"[4]。再如医学美容频道对女性洁面仪的科学评测，表面上，这些都是高科技的美容工具，实质上，它们都是关于玉兰油（化妆品牌）旗下三种不同用途的个人护肤仪器，其口号是为女性朋友寻找到了一条护肤新途径，实际是为此品牌宣传造势。但其广告使用了许多专业科学术语，比如经过"可溶蛋白、纤维连接蛋白、皮质醇、血清蛋白、角蛋白、外皮蛋白"等皮肤成分的检测，随后，通过真人图像对比，数据图表分析，结果是玉兰油抗皱护理组合胜出[5]。第三，女性新媒体中科学传播的内容或明或暗地彰显着取悦男性的导向。女性新媒体宣传的主流美女形象大多以男性的眼光为审美标准，在科学技术的辅助下，减肥、美白、整容等项目成为女性新媒体中科学传播长期以来久唱不衰的话题。从经济和社会文化的角度分析，女性新媒体中科学传播的一些科学知识表面看来是为女性服务，但究其本质而言，却是为了实现某些商业目的以及有意或无意地遵循着男权社会价值导向。

二、社会性别文化对科学传播的建构

女性新媒体中科学传播背后隐藏着新媒体对科学正确认知的缺失。从女性主义的视角出发，传统社会性别意识形态依然是当今社会新媒体的主流导向。琼·斯科特（Joan Scott）曾将"社会性别"（Gender）解释为：第一，社会性别是人类身份的一部分，是人们看待自身以及作为男性或女性的生活方式。第二，社会性别是诸多社会关系中的一种，它植根于各种社会机构之中，并在其中划分了不同的界限，例如劳工市场。第三，社会性别是表达男性和女性权力关系的一种基本途径[6]。在女性主义学者看来，传统上被认为是温柔、顺从、娇弱的女性实际上是父权社会文化熏陶出来的产物，所谓本质的女性气质（Femininity）是不存在的。其次，不同社会与境中的女性气质各有不同，民族、阶级、种族等因素赋予了女性气质丰富的意义，一元普遍的女性气质也是不存在的。最后，女性的性别角色是随着社会的变化而改变的。所以，不存在普遍、本质、永恒的女性气质，反之，男性气质（Masculinity）亦是如此。不同时空中的男性气质与女性气质具有不同的内涵，同时，男性气质与女性气质是彼此相互形塑并且持续不断再协商的动态关系。在中国的传统社会性别意识形态中，"男尊女卑"的封建社会性别意识在中国依然在一定程度上延续。女性的职责在于育儿持家，而男性才是国家、社会和家庭的支柱。在此大背景下，当代女性新媒体仍然承载着浓重的男权价值导向。从而，女性新媒体中的科学传播的主题便自然而然地倾向了女性的家庭生活、美容、育儿等方面。

此外，女性自身的生理特质也致使女性新媒体中的科学传播内容主要集中于女性的家庭生活、美容、育儿等话题。一方面，女性的身体是孕育人类生命独一无二的自然载体。另一方面，女性是家庭中主要的食物管理者，她们比男性更了解什么食品对人类的身体是健康的、安全的或是有害的。恰恰因为女性的身体和她们管理着的他人的身体，于是，在女性新媒体的科学传播中，育儿、饮食、家居、养生等家庭生活科学知识成为其主要传播内容。另外，在大工业时代背景下，无论是动物生殖和粮食生产等科普知识，还是整容、减肥、塑身等科学知识，女性新媒体的科学传播都成了实现工业化目标的重要途径。

从女性新媒体的科学传播中，可以窥见性别符号和涵义被铭刻在媒体技术的劳动分工和推广销售的过程，女性受众对象消费、使用、接受、认同或抵抗、协商性别身份的意义。英国的"文化研究之父"斯图尔特·霍尔（Stuart Hall）提出的编码／解码模式恢复了传统上被认为是大众文化被动接受者的主体地位和能动性。他将符号学的语码分析方法和意识形态结合起来引入到大众媒介研究中，霍尔主张用意识形态的分析视角来解决编码者生产信息的流程和解码者释读符码的过程可能存在的不相符情况[7]。这种信息传播过程承载了各种不同的符号寓意，也凸显了社会和文化因素的作用，而性别意识形态对女性新媒体中科学传播的建构也随之浮现出来。

三、有效提升女性获取新媒体科普资源的对策

关注女性科普，分析有效提升女性获取新媒体科普资源的对策，对于女性自身的科学素养及其后代的科学素养水平具有重要意义。自 1992 年以来的调查结果显示，中国女性公民的科学素养水平一直低于男性公民。2001 年的调查显示，男性公众具备基本科学素养的比例为 1.7%，女性公众具备基本科

学素养的比例为 1.0%；2003 年的调查显示，男性公众具备基本科学素养的比例为 2.3%，女性公众具备基本科学素养的比例为 1.7%；2010 年的调查显示，男性公众具备基本科学素养的比例为 3.69%，而女性公众具备基本科学素养的比例是 2.59%[8]。女性公民的科学素养低于男性公民这一现象不仅存在于中国，也普遍存在于世界，这一现象已被世界各国的抽样调查所证实。女性的科学素养水平不仅影响着我国全体公民的科学素养水平。同时，女性的科学素养水平也决定着整体女性科技劳动力的质量，从而将严重影响国家整体实力。

鉴于此，本论文将从政府、女性新媒体、科学传播者和女性受众四个方面探析女性有效获取新媒体科普资源的对策。

第一，注重政府的引导功能和示范作用。一方面，帮助非营利性科学网站，以便更好地建设和扩大其对女性的影响力。另一方面，商业性质网站的科普知识内容大大多于专门科普网站，访问量也高得多。政府要重视其科学传播内容建设的指导和鼓励，给予他们财政援助和精神奖励，促进各种商业网络平台积极开展规范的科普工作。

第二，女性新媒体要树立女性主义意识。正确把握社会性别意识形态，摆正自身在众多新媒体中的位置，避免陷入父权社会价值导向的困境。在研究女性真实需求的同时，积极引导女性树立正确的科学观和形成科学的生活方式，做到真正为女性服务，为男性和女性的和谐平衡做贡献。

第三，加强培养专业的网络科普人，提高科学传播者的科学素质。女性新媒体的科学传播者必须具备科学的基本素养和科学传播的基本知识。科学本身的严谨性要求科学传播者注重所传播内容的真实性和有效性。尤其是与大众生活息息相关的生活科学知识，更加需要科学传播者对其传播内容的细心审视。

第四，女性受众应该积极寻求科学教育，不断提高自身受教育水平，提高自身对新媒体科学传播资源的分辨能力，去伪存真。同时，女性受众要自尊自爱，分清自身所处的社会性别文化与境，扩宽并深化自身的科学知识面，而不局限于美容、减肥、整形、时尚等传统世俗的话题。此外，作为科学传播的受众群体之一，女性应该积极地对接受的科学信息进行意见的反馈和提出。从而形成科学传播主体和受体间的有效互动，进而推动科学传播的良性发展。

　　总体而言，政府、女性新媒体、科学传播者和女性受众四者的相互配合和密切合作才能够促进整个科学传播体系的良好运行，才能使女性有效地获取新媒体科普资源和提高女性的科学素养。

参考文献

[1] 蒋宏，徐剑.新媒体导论 [M].上海：上海交通大学出版社，2006: 31-40.

[2] 高宏斌.第八次中国公民科学素养调查结果发布 [J].中国科学基金，2011（001）: 63-64.

[3] 新浪女性.美容 http://eladie s. sina.com. cn/beauty/liangli/2012/0715/18221169618. Shtml.

[4] 新浪女性 .http://eladies.sina.com.cn/zx/2012/0604/11341157387.shtml.

[5] 网易女人频道.Olay Pro-X 抗皱护理组合 PK 医学抗皱处方.护肤美容 [J/OL]. http://lady.163.com/11/1102/16/7HSBHEOL00264LOF.htm1.

[6] Joan Wallach Scott.Gender: A Useful Category of Historical Analysis[J]. The American Historical Review，1986，91（5）: 1053-1075.

[7] 斯图尔特·霍尔.表征——文化表象与意指实践 [M].徐亮、陆兴华译，商务印书馆，2003.

[8] 何薇.中国公众科学素养调查结果回顾 [J].民主与科学，2004, 5: 10-13.

科普游戏：探寻科学普及
与电子游戏的融合

方可人*　周荣庭**

（中国科学技术大学科技传播与科技政策系，合肥　230026）

摘　要

目前科普游戏的研究尚处初级阶段，开发理念相对滞后。本文从科学普及与电子游戏的互动关联出发，提出两者之间存在教育功能与娱乐功能上的冲突性；由于两者目标受众的重叠以及都强调受众主动参与所形成的亲和性以及两者在科学规律和游戏规律尊重基础上的合成性。在此基础上探讨了科学普及和电子游戏如何实现有效融合，并对科普游戏的发展提出了建议。

关键词

科普；电子游戏；设计；融合

Abstract

According to the previous research， we have found that the study on science game is still in an infantile stage. Firstly， this paper analyzed the interaction

---

* 方可人（1990—），安徽巢湖人，中国科学技术大学传媒管理博士生，研究科技传播。

** 周荣庭（1969—），浙江东阳人，中国科学技术大学科技传播与科技政策系主任，教授，博导，研究科技传播。

between science popularization and game，then the author pointed out the conflict between the educational function of science popularization and the entertainment function of science game， the affinity between science popularization and digital game， because of the overlapped target population and audience's active involvement， and the combination between two fields for respecting on scientific law and game rule. Finally， this paper discussed the convergence of science popularization and digital game， and suggested on how to develop science game.

Keywords

Science Popularization；Digital Game；Design；Convergence

科普游戏是以电子游戏为载体进行科学普及的活动形式，是挖掘科普资源，顺应理念转型，丰富教育手段，进而提升科普效果的一种重要途径。然而，如今的电子游戏品质鱼目混杂，内容同质化严重，有些游戏甚至包含程度不一的暴力、色情内容，人们对电子游戏能否促进青少年的健康成长存有疑虑。我国从 2010 年起就倡导开发内容健康、主题向上的"绿色游戏"，因此，开发科普游戏，利用电子游戏来寓教于乐，以实现社会效益和经济效益的"双赢"，已成为科普界和游戏界共同探讨的一个话题。

科普游戏在理论研究上尚处于初级阶段，对于科普游戏的界定与认同、开发与应用，尚缺乏系统的研究，还谈不上指导当今的科普游戏实践；作为一种新兴的科普业态，国内现有的科普游戏或是未摆脱传统的说教式理念，游戏可玩性差；或是过分强调娱乐性，而丧失了应有的教育功能。兼顾游戏性和科普性的优秀游戏可谓凤毛麟角。本文试从科学普及和电子游戏的关联互动出发，对科普游戏做出探讨。

一、科学普及与电子游戏存在冲突性

（一）科学普及以提升公众科学素养为目的

我们知道，科学普及的基本内容包括科学技术知识、科学方法、科学思想、科学精神，面向的基本对象是社会公众，目的是通过有效手段和途径，提高公众的科学文化素质。[1]公众的科普客体身份是明确的，而科技信息的传播者则包含了科学共同体、政府、工业机构、媒介组织和社会组织等多种主体，这促成了科学普及形式的多元化。但是无论哪种形式的科学普及，本质都是把科学共同体内的"私有信息"转化为社会"共享信息"，实现科学信息的传递和扩散，进而促进科学技术的创新利用和社会的进步。这种自上而下为主的社会化传播过程就是广义上的科学教育过程。

科学普及的最终目标是培养具有科学素养的人，而这一过程通过提供"公共产品"的科学信息来实现。美国学者萨缪尔森对公共产品的性质做出的这样的界定：公共产品具有非竞争性、非排他性、外在性、能够使集体受益。[2]科学普及的科学信息具有公共产品的特性。虽然出于经济或政治利益考虑，一些科学信息依然属于个人或封闭团体内的私有信息，但从长远看，科学信息最终都会实现向共有信息的转化。

（二）电子游戏以满足公众娱乐需求为目的

对于游戏的目的，西方学者给出了诸多解释。例如约翰·赫伊津哈认为"游戏是多余的，只有在游戏创造的快乐成为一种必需、达到某一程度时，对游戏需要才变得急切。游戏可以被推迟或被任意打断。它并不被赋予物质需要或道德责任。它永远不是一桩任务。它只是在闲暇。"[3]英国哲学家赫伯特·斯宾塞认为游戏是人在完成了维持和延续生命任务后剩余精力的发泄。游戏理论的集大成者胡伊青加则将游戏看作是生命体仅仅出于"喜爱"而进行的"多余"活动，而那些出于物质需要和道德义务而进行的"必须"活动则不是游戏。[4]

以上学者基本秉持娱乐、休闲是游戏本质属性的观念，虽然这些看法是基于对传统游戏的审视，然而电子游戏是在新媒体技术下对传统游戏的继承和改造，延续了传统游戏的娱乐本质。从游戏构成上看，电子游戏包含了传统游戏的构成要素如游戏者、游戏场景、游戏规则等。而从形态上看，现有的电子游戏不仅是将传统游戏活动虚拟化，同时还突破了现实世界的桎梏，衍生出虚拟射击、模拟经营、动作冒险、即时战略等多种游戏类型，在游戏世界中玩家可以插上想象的翅膀，大胆尝试现实中难以企及的事情。随着电子媒体、互联网的逐渐发展和普及，电子游戏根植于电脑、手机、移动平板等设备中，已经成为人们日常生活中重要的娱乐工具。

（三）属性差异成为两者冲突的焦点

媒介批评学者认为每一种媒介都有特定属性并承载着特定内容。尼尔·波兹曼认为图书（或者文字）代表着理性话语，"阅读过程能够促进理性思维，铅字那种有序排列的、具有逻辑命题的特点，能够培养伍尔特·翁格所说的'对于知识的分析管理能力'"[5]"我想论证，在电视的统治下，这样的话语是怎样变得无能而又荒唐的"。[6]如果说科学普及以图书作为传播载体，是两者教育属性相契合的结果，而电子游戏这一载体却与科学普及之间存在一定的属性冲突。

科学普及的教育性和电子游戏的娱乐性会成为两者冲突的焦点，也会成为科普游戏设计中难点。这样的冲突，往往源于游戏制作者和科普工作者缺乏沟通和相互理解。科普游戏设计中存在两种"误识"，一是认为科学普及只是游戏的附庸或点缀，这使得游戏中的科学性不足，如国内一款标榜少儿科普的网游，实际内容仍然是"打怪"升级，仅在任务胜利后弹出介绍科普知识的文本框。由于与游戏任务毫无关联，玩家也很少留意这些文本信息，这难免有"挂羊头，卖狗肉"的嫌疑。二是将科普凌驾游戏之上。例如，有学者认为科普游戏是以传播科学知识为首要目的的一种游戏，这种理念也广泛存在于游戏制作者的认识中。例如，某数字科技馆网站上科普游戏，很多只能视为是具有简单互动操作的 flash 科普宣传动画，可玩性不高。科普游戏既然作为电子游戏的一种，必然要遵守游戏的固有属性即娱乐性。电子游戏并非不能传播科学知识，但不能替代娱乐功能成为首要功能，含有这种目的的电子游戏并不能满足人们对游戏的实际需求。

二、科学普及与电子游戏含有亲和性

科学普及与电子游戏的冲突性强调的是科普与电子游戏之间存在着特性的差异，但是这并不意味着两者之间没有亲和性。科学普及的理念转型与实践性诉求及电子游戏的发展是两者产生亲和性的重要基础。

（一）科学普及的理念转型需要手段创新

科学普及如何以亲和力拥有更广泛更自觉的受众是科普工作面临的现实问题，这一问题直接影响到《全民科学素质行动计划纲要》的目标实现。长期以来，科普工作多依赖图书阅读、展示宣传、讲台传授等有限途径与方式，这一方式固然具有一定的有效性与价值性，但是不能不看到它存在的局限性。如科普观念滞后，科普内容与形式选择的单一和机械，都制约了科普工作的发展与进步。不能不正视的是，随着网络的普及与发展，科普早已进入 Web 空间，通过网络化的方式来寻求自身的发展。

国内流行的观点认为，科学普及历经传统科教、公众理解科学、有反思的科学传播三个阶段。传统的科普理念暗含公众无知和科学至上的假设，科学普及是科学家到公众的居高临下式单向知识流动过程。随着当代社会民主化进程推进以及科技发展带来的社会风险与不确定性所引发公众对科学的信任危机。传统科普理念和方式变得不再适用，科普工作者开始反思，将科普转型着眼于公民意识，强调了公众在科学普及中的主动性、参与性，用"受众驱动""需求牵引"代替"传播者驱动"[7]，力图构建一个民主、平等的科学传播模式。科学普及过程中"受众本位"的理念扭转也要求科普方式和手段变化。随着我国对科普产业化的逐步重视，要求部分科普业务要通过市场途径，以公众需求为指向，提供多样的科普服务和产品，调动公众的科学兴趣。而随着电子游戏的发展，其一些特征适应了科学普及的需要，顺理成章成为科普的中意载体。

（二）电子游戏的受众群体和多感官体验适应科普需要

在文化创意产业发展中，电子游戏产业的发展十分迅速，游戏用户群体持续快速增长。其中，青少年是电子游戏的主要用户构成，电子游戏逐渐成为公众尤其是青少年重要的休闲方式。而我国的"全民科学素质行动计划"把提高未成年人的科学素质作为科学普及的重点，因而电子游戏的受众群体与科普的目标人群是相契合的。

其次，随着图像、音频技术的发展，游戏引擎技术的提升，电子游戏给玩家带来的感官体验程度越来越高，以这种直观方式向受众传递科学信息可获得较好的效果。此外还出现利用体感技术、虚拟现实技术等技术集成，通过对现实环境的虚拟营造来教授知识技巧、提供专业训练的"严肃游戏"。"严肃游戏"可以在相关设施条件有限或涉及风险环境的条件下模拟临床手术、航空航天、化学实验等过程，这满足了科学普及中专业性的学校教育和职业培训的需要。

（三）游戏玩家的主动和自愿性有利于主动学习的实现

科普的理想状态恰恰是"要我学"变成"我要学""要我知"变成"我要知""要我行"变成"我自行"。而游戏的主动性、自愿性与民主模型下的科学普及的确存在共通性。康德认为游戏和艺术创作一样是一种自由的活动。"这里的自由不是之前将某些艺术看作为感觉想象力的自由活动这一意义上的自由，这里的自由不是单纯地指随意和不受辖制。自由的活动是不受束缚的行动，一方面指行动不受他人的指派和命令，没有各种任务式的规定，同时又指内心不受利益牵制，是内外双重意义上的无强制。"[8]而游戏同时也是非功利性的，这种非功利指游戏活动不以寻求实际利益为满足，人们并不为有利可图而参与游戏，游戏不会对人们的现实利益造成影响。游戏和艺术一样是忘却功利目的，去追求审美过程所带来的精神愉悦。

游戏内在的自由性和非功利性所带来的愉悦感使人们产生了游戏的冲动，使之一次次投入游戏之中，所有的游戏者都是主动和自愿的。科普游戏借助游戏的愉悦感所带来的主动性和自愿性，更容易使玩家接触和注意其中的科学信息，以此提升玩家的科学素养。这不仅符合"受众驱动"下科学普及所强调的公众的主动性和参与性，同时也培养了玩家的科学兴趣，实现从受众角度对民主模式的科普构建的助推作用。

需要看到的是，电子游戏产业单一的欲望化追求、同质化倾向、"暴力色情搞怪"原型设计思维定势同样给游戏产业提出健康、绿色理念乃至更高社会责任担当的现实问题。科普成为游戏产业融合的目标，其主要原因还在它们之间存在内在与外在的亲和性与亲和度。游戏本身就是建立在科技基础上的产物，科学探索在一定程度上也是人类"游戏"的过程，科学成果是科学家好奇、探究、层层过关、不断收获的结果。所以，科学普及与游戏的亲和性甚至同构性成为两者融合与合作开发的重要基础。

三、科学普及和电子游戏具有合成性

（一）两者对规律的尊重是科学普及和电子游戏合成的关键

科学普及和电子游戏的合成性在于两者都包含了对规则的尊重。科学活动是反映客观事物本质和规律的有目的的行为，是一种严肃性的活动，其前提是对于科学规律的尊重，否则科学活动就无法进行或是变成"伪科学"生产传播。这种尊重体现为在实践中科学方法的运用和科学思想、科学精神对实践的规范指导，这也是科学普及的重要内容。

而游戏者的游戏过程也是对游戏规则的服从过程，只有遵守游戏规则，游戏才能进行下去，否则就不能认为是在进行此游戏。电子游戏虽然是供人娱乐之用，但"游戏活动与严肃的东西有一种特有的本质关联……游戏活动本身就具有一种独特的、甚而是神圣的严肃。……谁不严肃地对待游戏，谁就是游戏破坏者"。[9] 在伽达默尔看来，游戏的主体是游戏本身，每个游戏都给予玩家特定任务，玩家游戏的过程是完成任务的过程，游戏者和游戏的关系可以看成是一种表现和被表现的关系，游戏的内在规则性通过玩家表现为游戏方法的使用和游戏精神的贯彻。

（二）科学方法和科学规律需要借助电子游戏实现有效传递

就目前而言，我国面向公众的科学普及还处在传统科教向公众理解科学的过渡阶段，对于科学方法、科学精神的指导相对欠缺，普遍存在重知识、轻方法、忽视精神的现象，这易使公众陷入知科学而不懂不信科学的状态，例如在科学普及力度逐步加强的当下，伪科学仍大行其道，吃盐防辐射、艾滋病滴血恐慌、世界末日谣言所引发的群体性行为，足以证明在公众的科学方法掌握和科学精神培育上的缺失应当引起警惕。要实现向高阶的科学普及转型，必须要强化对于科学方法和科学精神的传授。"工欲善其事，必先利其器。""授之以鱼不如授之以渔。"科学普及工作者要帮助公众建立起对科学方法的认识和使用以及使科学精神渗透到公众的心灵之中。然而，相比科学知识而言，科学方法和科学精神更为抽象，属于一种暗模性的知识，是难以用语言表达就能清晰传递的，这使得其在教导上具有更高的难度。暗模知识相对应的学习是感受性学习，学习者只能通过实践活动或具体案例分析在感受中习得，而与感受性学习相对应的是体验性教学。[10] 电子游戏为玩家营造了虚拟环境，玩家在游戏空间中探索、发现和完成任务从而获得一种游戏体验。由于游戏在规则尊重上与科学普及存在共通性，在科学方法和游戏方法、科学精神与游戏精神有效合成的状态下，游戏能为玩家领悟科学方法和感知科学精神提供虚拟的体验空间。

四、科学普及与电子游戏的融合探索

优良的科普游戏既能使达成科普工作者所希望的教育效果，又能实现良好的市场反应，使游戏开发者能够通过出售游戏获利，而不至于让科普游戏变成"烫手山芋"或政策扶持的"阿斗"。首先必须要从科普游戏的设计理念入手，对科普游戏的质量进行改良，才能真正满足玩家的学习和娱乐需求。笔者结合上文对科学普及与电子游戏之间的关系梳理，从消弭冲突性、利用亲和性以及满足合成性三点对如何实现科学普及与电子游戏间的有效融合进行探讨，提出发展科普游戏的几点建议，如图1所示。

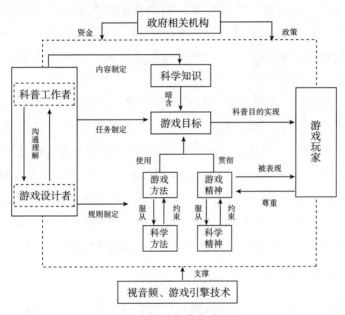

图1 发展科普游戏路径图

（一）消弭冲突性

要实现科学普及和电子游戏的有效融合，必须要消弭两者间的冲突性，以此突破科普游戏发展的阻碍。

（1）增强两个领域的交流对话。科普工作者与游戏设计者之间要增强对话，促进两个场域之间的交融度。科普工作者应当多了解游戏文化和发展状态，熟悉科普游戏的设计流程，参与到科普游戏的开发中去。

游戏设计者也应自觉增强自身的科学素养，多与科普工作者沟通，尤其是科学分科化加剧、知识大爆炸的当下，这种交流更是必要，以此避免认识上的偏差和犯一些知识性错误。对话是科普游戏实现发展的前提条件。

（2）满足玩家的娱乐需求。要明确科普游戏是电子游戏的一种形式，要把游戏的娱乐功能放在首位，以尊重玩家的游戏主动性为前提，偏重传播科学知识而缺乏对游戏内在精神的关注，会使科普游戏沦为知识灌输的工具，使玩家丧失游戏兴趣，得不到预期的传播效果。传播科学知识的目的应当是隐藏在游戏目的背后，玩家通过在游戏中的观察和活动后自己去把握和理解，这在一定程度上要求对游戏情境构筑的强化。伽达默尔指出观赏者对于游戏活动所具有的重要性，游戏需要有观赏者才能实现游戏意义。对于电子游戏而言，游戏玩家既是游戏的参与者，又是自身在游戏中扮演角色的观赏者，玩家只有首先融于情境，沉浸在游戏世界中，参与者的自我表现和观赏者对于游戏的认同才能充分实现，也只有在此基础上科学知识才有传递的可能。

比如，台北教育大学连启瑞教授科普游戏研发团队针对中小学生开发的"台北大富翁"，使用了经典回合制游戏"大富翁4"的游戏引擎，但修改了模型和玩法，玩家"身处"台北市中，通过购地置业来实现自己的富翁梦想，但玩家需要通过回答NPC（Non-Player Character）关于台湾休戚相关的生态环境、城市发展等科学问题才能获得智力经验和金钱。玩家在观察自己操控的游戏角色逐步成为"台北大富翁"过程中学会了诸多科学知识。该游戏被台湾相关教育机构收购并派发至各县中小学，受到极大好评。

（二）发挥亲和性

科普游戏想要实现发展，必须要充分发挥科学普及与电子游戏的亲和性，这是科普游戏发展的基础。

（1）加强对于玩家的调研和理解。就现阶段而言，科学普及的开发应当首先从青少年群体入手，对青少年群体进行受众细分，了解不同年龄段的观众的游戏喜好、学习需求以及审美趋向等。就目前的科普工作而言，"第三人效果"是普遍存在的，科普主体总是以自己的理解和主观判断去审视教育客体，而缺乏对于教育客体需求的实证评估，加强对于教育客体的调查研究是发挥亲和性的重要保证。

（2）政府需对科普游戏开发给予支持。贝克特在一项教育游戏的项目中发现：游戏令学习者着迷，原因是它们的结构而不是内容。[11] 对于发挥科普与电子游戏的亲和性而言，这体现在对游戏结构要素中的动态视觉效果和交互动能的提升。游戏毕竟是以视觉符号作为主要的载体，游戏画面是游戏给予玩家的第一印象，而互动功能的设计是评估游戏质量的重要标准之一，视觉效果和交互设计的好坏对玩家参与游戏的积极性上发挥了重要作用，也影响到游戏背后科学信息能否传递。从国内现有的科普游戏来看，主要以 flash 为主，画风相对简陋。游戏类型也以单机游戏为主，交互设计也很简单。基本没有局域网或互联网游戏。在类型多样、画面精美、制作精良的游戏多如牛毛的市场中，这种质量的游戏基本无人问津。

之所以科普和游戏的亲和性难以发挥，这主要是由于目前国内科普游戏主要为个人和小团体制作，必然存在资金和技术的局限。而专业的游戏开发商对于科普游戏多持隔岸观火的态度，开发科普游戏基本是"雷声大，雨点小"。作为一种尚待探索的游戏领域，科普游戏的开发理念、设计经验尚缺，游戏开发商的踟蹰不定也是可以理解的。对此，政府应该发挥推手的作用，给予相应的资金或政策支持，鼓励游戏开发商大胆尝试科普游戏的设计开发，为制作高品质，多种类的科普游戏提供保障。如在美国教育部门的扶持下，麻省理工学院与相关游戏开发商合作实施了 TEA（The Education Arcade）计划，将体感技术、增强现实等新兴技术运用的科普游戏的开发中。例如一款使用移动终端的 GPS 定位，结合增强现实技术的模拟游戏"环境侦探"，玩家接受游戏任务，用游戏自带的空气监测系统在指定地点进行测量，并获得游戏奖励。玩家既获得了游戏的乐趣，又了解的环境科学的相关知识，同时搜集来的数据又帮助了相关环境监测机构及时了解地区的污染指数，实现了一举三得。

随着人们观念的转变，电子游戏不再是"洪水猛兽"，唯恐避之不及。科普游戏应当成为公众尤其是青少年进行学习的有效途径。政府应作为一种中介性力量，应对科普游戏给予正面的评价，积极为科普游戏的开发商和教育界搭建合作的桥梁。

（三）实现创意合成

科普游戏开发需要秉持的基本设计理念，即游戏规则必须服从科学规律，一些电子游戏为了提升可玩度，在游戏规则设定上违背现实客观事物的规律，创新性值得一提，但这不是科普游戏的应有特征。科普游戏的游戏规则应该有两个要求：

（1）游戏方法服从科学方法。达成游戏任务过程中所使用的游戏方法需要是科学方法，或者说科学方法的"告之"是依托于游戏方法的使用。玩家要用科学的思路、程序、规则、技巧和模式去进行游戏。当然针对不同年龄阶段、知识层次、社会背景的玩家，科学方法在游戏中要以简单或复杂、显性或隐性的方式传递出来。例如香港中文大学针对少年儿童开发的农业题材类科普游戏"农场狂想曲"告知了简单的比较和思辨的科学方法，小玩家通过观察每一种"种植"操作对"农作物"成长的不同影响，通过收成的多少获得某种拟态的"直接经验"。而针对较高年龄段玩家的科普游戏，游戏方法则可采用归纳演绎、分析综合等更为高级和复杂的科学方法。

（2）游戏精神服从科学精神。科学精神所包含的勇于探索、锲而不舍、敢于创新、善于分析等应是玩家在科普游戏中所该表现的态度。这需要科普游戏体现出一定的游戏难度和内容设计上的开放性，让玩家有挑战和发挥的空间。游戏内容的单调、任务路径的单一和游戏目标实现过程过于简单，都不能实现科普游戏的精神外化。一般认为一款好的游戏应体现出人文精神，即追求对人类和社会所需得的终极关怀，是求善。对此，科普游戏在设计理念上应有更高的要求，即在人文精神为正确价值导向下，实现人文精神与科学精神的融通与共建。[12] 科普游戏不单是使引发玩家对科学的关注，更重要的是对于科学正面功能理解和负面作用的反思，从而保持对于科学与人类处境和未来发展的关怀之心。这种关怀是渗透在游戏的世界观之中，通过游戏符号、剧情等规则体现出来。例如 EA（Electronic Arts）公司开发的城市科学游戏"SIM CITY"，将现代科技的产物如化工厂、核电站等设施带来的高额经济回报和对环境污染的可能一并呈给玩家，玩家只有进行合理的布局规划才能实现城市的良性发展。玩家要获得更高的游戏分数，必须沿着游戏暗设的最优路径调整自己的游戏行为，游戏开发者通过这种方式实现以人为本、全面协调可持续的科学发展观念的传播。

刘华杰认为科学普及包含两阶：一阶是科学技术基本知识的传播，二阶是关于科学方法、精神、文化、社会运作等传播。其认为在当前中国，有必要特别突出强调和加强二阶科学普及。[13] 上述证明科普游戏可以从诸多方面实现对二阶科学普及内容的有效传递，同时，也应当从二阶科学普及出发，对科普游戏的理念和实践做进一步的探索。

参考文献

[1] 任福君，翟杰全.科学传播与普及概论 [M].北京：中国科学技术出版社，2012:39.

[2] 何宗海.教育的属性 [EB/OL].[2011-11-16]. http://wenku.baidu.com/view/920eea08763231126edb11c4.htm.

[3] 约翰赫伊津哈.游戏的人 [M].北京：中国美术学院出版社，1996:19.

[4] 董虫草.胡伊青加的游戏理论.浙江大学学报，2005（5）:49.

[5] 尼尔波兹曼.娱乐至死 [M].南宁：广西师范大学出版社，2009:47.

[6] 尼尔波兹曼.娱乐至死 [M].南宁：广西师范大学出版社，2009:16.

[7] 任福君，翟杰全.科技传播与普及概论 [M].北京：中国科学技术出版社，2012：152.

[8] 俞喆.游戏概念探究 [D].上海：华东师大硕士论文集，2004:15.

[9] [德] 伽达默尔.真理与方法 [M].洪汉鼎译，上海：上海译文出社，1999（上）:130-131.

[10] 李兴国.暗默知识与日本公关人才培养 [J].国际新闻界，2007（12）:41.

[11] 魏婷，李艺.国内外教育游戏设计研究综述 [J].远程教育，2009（3）:68.

[12] 易显飞，张裔雯，文祥.国内科学研究精神述评 [J].长沙理工大学学报，2011（6）：20.

[13] 刘华杰.科学传播读本 [M].上海：上海交通大学出版社，2007:3.

中国科技传播现状与发展

吴　睿* 张　勇** 夏　明*** 刘　锋****

（科普产品国家地方联合工程中心，合肥 230088）

摘　要

本文首先以科技传播的社会学意义作为理论基础，以当今社会的经济文化发展情况作为依据，阐述了目前中国对于科普的迫切需求的原因；然后依据不同的历史分期，将中国的科普发展划分为近代科普和现代科普的两个阶段，并梳理出其中的脉络；最终通过分析现阶段科普发展中存在的问题，提出相应的解决方案。

关键词

科技传播；科普发展阶段；互动科普；科普传媒

Abstract

At first，this paper based on sociology significance of science communication and the economic and cultural development situation nowadays， elaborated the current cause of the urgent demand for popularization of science in China ； Then according to the different historical periods， the development of Chinese

---

* 吴睿（1986—），安徽合肥人，科普产品国家地方联合工程中心，研究人员，研究科普产业，科普信息化发展。Email：wurui@kpzx.cn 。

** 张勇，科普产品国家地方联合工程中心，研究人员，研究科普产业，科普信息化发展。

*** 夏明（1983—），汉族，安徽安庆人，本科，从事机械设计及工艺研究，E-mail:goodday2004@163.com。

**** 刘锋（1985—），男，汉族，安徽合肥人，硕士，从事科技政策方向研究，E-mail：limfee@163.com。

science was divided into two stages-modern science and contemporary science and the context was teased out；Finally， we put forward the corresponding solutions through the analysis of the problems existing in the present science development .

Keywords

Science Communication；Science Development Stage；Interactive Popular Science；Popular Science Media

一、概论

科技传播学是研究人类一切科技传播行为和过程发生、发展的规律及科技传播与人和社会的关系的学科。它是从传播的社会功能出发，利用行为科学的研究方法，以系统论、信息论和控制论为基本理论，以科技信息的交流与传播为研究对象的一门新兴边缘交叉学科。科技传播是人类社会科学与技术系统得以产生和存续的基本前提，是科技发展的基本条件，是科技工作者进行科学发现和技术发明的基本支持。科技传播是科技和社会的"血液循环系统"，是人类社会进步的阶梯。

在我国经济的持续发展过程中，我国的产业结构正以较快速度升级，其产业结构的变化正在提升社会对科普的需求；人们生活水平的提高，恩格尔系数的降低，支出结构的改变，我国国民消费水平和消费理念的变化也直接影响了科普产业的市场需求，人民群众和全社会对于科普产品和服务的数量、品种、质量提出了更高的需求；科教兴国战略的实施以及提高国民科学文化素质迫切要求，使科普产品和服务成了精神文化产业的一个重要组成部分，客观上形成了对科普应用和实践的巨大需求[1]。为了研究科普未来的发展趋势，我们首先需要认识科普的发展历程。

二、科普发展的不同阶段

对于中国科普（科技传播）实践及其理论研究的历史把握，可依照历史分期进行阶段性划分：我们称鸦片战争至新中国建立这一时期的科普为"近代科普"；1949 年新中国成立之后的科技传播活动归入"现代科普"。

按其不同的时间段的特征，我们尝试梳理出中国科普的整体发展脉络：

（一）近代科普特点及内容

从历史分期角度来看，将鸦片战争至新中国成立这一时期的近代科普的特征为"嵌入性"。在这个阶段，"科普"并非一个独立领域，更多体现在"师夷长技以制夷""西学为体，中学为用"等观念中。科普的发展"嵌入"在其他社会活动当中，在引进西学的同时，传播先进的科学技术。当时，科技传播不是目的，而是一种手段。知识分子希望通过科技传播，达到救国图强的目标。

在"洋务运动"时期，科技传播的规模、速度以及传播内容的深度、广度，均比早期阶段有很大进步。科技书籍和报刊仍然是基本传播手段，清朝官办出版机构也开始介入，与教会出版机构并峙。

19 世纪 90 年代后，清政府的很多举措为大范围的科技传播提供了条件。比如，清政府开始意识到向日本、美国、欧洲派遣留学生的重要性；京师大学堂的建立；改革教育制度，废除八股，增设特别专科；要求各地普遍设立中小学堂。此时的科技传播活动也开始呈现出一些新的特征：以传播科学为己任的各类科技报刊大量涌现；以学会、社团为组织形式的科学团体迎来成立高潮；科学小说、配图小说等新科普创作形式的出现，使得科学找到了新的传播载体。如此一来，"科学"逐渐成为全社会的热词和焦点。

"五四运动"时期是中国科普活动非常活跃的时期。当时，传播科学知识一方面作为反封建、反迷信、反盲从、反保守的思想武器；一方面则已上升为一种救国方略。在此阶段，中国科学社创办《科学》月刊，成为中国科技史上的标志性事件。有学者认为，中国科学社的建立，才可算作中国科普的真正开端，大范围科普必须依赖独立社团和自己的刊物。除此，当时的科玄论战、达尔文进化论对中国传统文化和知识体系的挑战，引起了知识分子的极大争论，也导致了各方人士精神世界的革新。

在随后的战争时期，科普作为一种抵御外侵、增强自身实力的工具手段，因条件限制只能强调其社会实践。

（二）现代科普的特点及内容

1949 年新中国成立之后的科技传播活动称之为"现代科普"，特征为科普进入建制化发展。一方面，专门从事科普的组织建立；另一方面，科普有了相应的政策法规。以此为后盾，科普开始快速发展。

科普最早在我国政策文件中有所体现，是在 1949 年中国人民政治协商会议第一届会议通过的《共同纲领》中，其中 43 条明文规定："努力发展自然科学，以服务工业、农业和国防建设。奖励科学的发明和发现，普及科学知识。" 1958 年，成立了中国科学技术协会（简称"中国科协"）。中国科协的基本任务是"密切结合生产，积极开展群众性的技术革命运动"。在它的 6 项具体任务中，把学术交流和科学普及作为两个基本任务，明确规定要"总结交流和推广科学技术的发明创造和先进经验；大力普及科学技术知识；采取各种业余教育的方法，积极培养科学技术人才"。

1994 年，中共中央会同国务院发布实施《关于加强科学技术普及工作的若干意见》，成为我国第一份专门的科普政策指导性文件。1999 年，科技部、中宣部、中国科协、教育部等 9 部门联合印发《2000—2005 年科学技术普及工作纲要》，成为又一份重要纲领性文件。2002 年，《中华人民共和国科学技术普及法》颁布，我国成为全世界唯一拥有《科普法》的国家。

在现代社会，国民科学素质提升成为国际社会的共识。包括联合国、世界经合组织、世界银行、欧盟在内的多个国际组织，先后制定各种政策建议，鼓励各国提升公民科学素质。同时，美国等发达国家也开始出台具体措施，倡导公民理解科学。

早在 1986 年，美国科促会召集上百名科学教育者和科学家，共同研究制定了《2061 计划：面向全体美国人的科学》，旨在使全体美国中学毕业生的科学素质在 2061 年（即 1986 年之后的下一个哈雷彗星回归年）达到全球领先水平。英国皇家学会于 1985 年发表了题为《公众理解科学》的报告，点明英国公众特别是未成年人对科学素质不够重视，并阐述了该现状的危险后果，提请政府加强科学技术教育和普及。

在上述国际背景下，中国科协开始着手研究适合中国国情的科学素质全面提升计划，拟借鉴美国的"2061 计划"，制定符合我国公民科学素质发展状况的"2049 计划"。1999 年该建议上报至国务院，得到批示，由科技部牵头，会同中宣部、教育部、科协等共同研究。然而，此事在几年内未获实质性进展。2003 年，全民科学素质行动计划制定工作领导小组成立，研究制定具体实施方案的工作得以重启。经过 3 年的努力，《全民科学素质行动计划纲要（2006—

2010—2020 年）》（以下简称《纲要》）最终于 2006 年得以正式颁布。

一路走来，"科普"这一概念发展到今天，已经具有了比以往更加丰富的内涵。传统意义上，"科普"强调科学知识、科学方法、科学思想和科学精神的普及，甚至时而缺失了对后两者的重视。而《纲要》提出的公民应具备的基本"科学素质"不仅注重"四科"，同样看重"两种能力"，即公民利用科学知识、方法、思想和精神，解决实际问题并参与公共事务的能力。

（三）科普理论研究的发展历程

虽然我国的科普实践已经历了较长的历史时期，然而从理论研究的视角来看，将其称为"科学普及"还是"科技传播"？它能否成为一门独立的学科？这些问题一直都没有定论。为了较为清晰地审视科普理论的发展历程，我们暂且简单化地将其分为科普学构建、对传统科普的反思以及公民科学素质主题研究三个阶段。

早在 20 世纪 70 年代末，周孟璞、曾启治就曾在《科普学初探》一文中提出，经历了多年的科普实践后，应当在总结经验的基础上建立一门作为独立学科的"科普学"。他们给出了"科普学"的定义，阐述了科普学的研究内容应包含理论研究和应用研究，前者如科普史、科普的组成元素和功能、科普的社会作用等；后者如各种不同类型科普实践活动应如何开展，应遵循哪些规律，掌握哪些方法等。在这之后，一些研究者兼科普实践工作者在《科普学初探》的启发和内容基础上，写出《科普学引论》《科普学概论》《科普学》等专著。事实上，关于构建科普学的尝试一直都没有停滞。

20 世纪 90 年代，西方的公众理解科学思想传入，对我国学者产生了较大冲击。在译介、消化很多理论文章的基础上，形成了对中国现阶段科普的反思，并提出对我国科普认知的修正。一些学者提出用"科技传播"替代"科普"的概念，他们认为，"科普"更多体现了政府主导下的灌输式行为，不可能与受众有互动，而"科技传播"指的是传播主体与受众之间的双向交流。他们还指出，科学并非一定是"正确的"，科学越发达并不意味着对社会越有益，应当认识到科学与社会的相互作用关系，并在科技传播中教会公众判别科学的利弊。

自 1992 年起，我国开展公民科学素质调查，截至 2010 年已进行了 8 次。由此引发了对于"科学素质"的关注。2006 年后，《全民科学素质行动计划纲要》

颁布。相关研究更是踊跃。围绕这一主题，有的研究传统强调要为调查实践服务，有的则对调查体系、出发点和目标提出质疑，反思如何能让调查更能真实反映我国公民科学素质现状。

目前，中国的科普正在经历将现有理论研究加以积累、整合，并进行深化处理的过程，由于缺乏"具有足够弹性和开放特征"的科普理论研究体系和具体方法，这一领域尚有待梳理和深入。

三、我国科学传播的现状

（一）我国科学传播的现状

1.科普人才缺口仍然存在

和科学普及起步较早、发展较快的西方发达国家相比，我国目前的科学传播主要还是停留在公众理解科学层面，站在科学共同体的立场来传播科学。科普人才的缺乏以及科学传播活动相对不足已然无法满足公众对于科学的需求。在国外，科学家和科研机构在申报研究经费时，必须包括安排了何种与公众互动或科学传播的活动和内容。但在我国，科研机构并不承担科学传播的责任，大部分从事科普事业的人都是退休的科技工作者、中小学科学教师，或者是科技领域的媒体从业人员以及从事科学题材创作的作家等，至今都还没有专职的科普从业人员，更别提科普的专业化人才。

2.科学传播模型相对落后

当前科学传播有三种典型模型，它们依次为：中心广播模型、缺失模型、民主模型（也叫对话模型）。三种模型虽然并不具有时间上的先后关系，但在各国实践中，它们有一定的演化关系，并且同时并存。国内外针对科学传播中三种经典模型的研究也正热门起来。其中，基于传统科普形式"中心广播模型"是自上而下命令、教导的，而"缺失模型"则是把公众当成旁观者，因此，强调了公民立场的民主模型显然更具有发展意义。

3.专家信任危机日益凸显

以前，受到计划体制的限制，科学传播都是自上而下的宣讲，所以，科学家或者专业人才在解读科学问题的时候，都是以接受任务的目的出现，鲜有主动自愿的。近年来，随着我国科学传播的发展，科学家主动走下神坛的越来越多，而媒体也乐意邀请专家解读某些科技话题或者是自然灾难事件。但由于部分媒体对专家的把关不严，随便套上"专家"的身份，加上有些专家在表述问题时过于绝对化或者被媒体断章取义了，对科学的不妥当的看法片段往往经由网络广泛传播，造成了误读。因此，专家的信任度也在下降，专家被民众戏称为"砖家"，更有不少专家的观点被网友炮轰是马后炮、站着说话不腰疼。因此，为了一个合适的让专家走下神坛的平台、让公众了解真实的科学的渠道是非常重要，这也是科学传播民主模型的精髓所在。

（二）公众需求的转变

公众已经越来越有参与的意识和欲望，也有了参与的表现，近年来科技传播正从公众理解科学层面走向公众参与科学层面。其实，专家信任危机固然和社会媒体不恰当的运用专家资源以及部分专家确实存在技术不过硬的情况有关，同时也和公众参与科学的需求以及公众自我科学素养有关。在现代社会中，公众不但需要理解科学，而且希望参与科学。公众渴望在科学发展方向的决定方面有更多的发言机会，使科学发展更充分地体现公众意志。随着公众关注视角的扩大与公众参与意识的提高，双向沟通模式，则要求决策部门和科学家积极回应公众的关切和需求，以提高公众对科研好处的信任，提高科学职业的吸引力。

和其他科学传播的民主模型相比，比如共识会议，对话提供了非正式的、轻松的氛围，公众和科学家之间可以自由地对话、双向的沟通，而不是从前只有科学家在台上主讲科学知识。虽然，有些对话并不直接对公众决策产生影响，只是公民提出自己对科学的思考和困惑，但通过这些对话，能够使得公众理解公共社会议题，也启发科学家，从而推动科学公共决策的改进。外国不少政府都在尝试推动科学家、政府与公众之间的交流，开放和增加与公众对话的平台和渠道。他们常用的载体就是科学咖啡馆、科学商店等。这样的双向沟通平台有益于改善了公众与专家的关系。一方面，当前的专家信任危机，与传播中的语境剥离不无关系，所以，让公众当面聆听专家对某一问题的见解的完整表述，是最直接的消除误会的方法。另一方面，对专家们也是一次表达沟通能力的考验。不少专家在主旨发言环节的表现还略显拘谨，到互动环节便大为出彩，现场受众或犀利、或异想天开、甚至含有错误的问题，打开了其话匣子。

（三）信息化时代的科技传播

信息化给今日世界带来的变化往往令人难以预料。就信息的传播来讲，信息早已经不只是单靠文字形式呈现，而是需要靠其他视觉画面、音效以及各种戏剧表现形式来加强其传播效果。多媒体信息的最大特点则是几乎同时兼容了声响、语言、文字、图形、图像等符号进行综合的信息沟通与交流，它同时具有高速度的及时传播和迅速与受众沟通的反馈，其最大特点是媒介与受众互动。然而要求一个科普机构同时拥有对多种数字媒体信息具有制作能力并不现实，为此，需要依靠团队的力量完成多媒体信息制作与传播。[8]

随着信息化的介入，人类可以感知的世界变大了，数字技术强有力地推动了人类认知的发展：在屏幕中，现实时间被扩展或延长。不仅如此，现实的时间还可以被压缩和省略；或是将不同时间里发生的事情串联在一起，用来表现特殊的时空感受和哲学意义。通过对这些未知领域的展示，大众的情绪既有兴奋、欣喜，也有恐惧和不安。

信息化生活深深地影响每个人的生活形态和经济活动，为了应付瞬息万变的技术或信息，人类的价值观也迅速为之改变。数字传播媒体以全球性的大众传播为主流，网络的普及程度越来越高，网络媒体素质教育水平日益引起学界和业界的重视，它们将引领数字科普走上更高的平台。

数字技术的普及使得大众的参与意识随之提高，他们对科普工作不再仅仅满足于了解和熟悉、单纯地作为欣赏者或学生的角色而存在；而是具备了越来越强的批判和参与意识。这一方面有助于科技传播水平的提高，另一方面也是对科技传播发展的挑战。如何使国家重视的科普成为大众社会生活的需要；如何在发挥科学工作者和艺术家创作天赋以及多媒体技术、虚拟现实技术、移动浏览技术等技术作用的同时，促进公众积极的参与意识也是值得我们思考的问题，这些问题的解决无疑需要借助网络来与公众沟通交流。

网络与数字媒体为我们提供了更大的展示舞台，同时需要科普工作者不懈的努力。而公众也从未发挥过如此重要的作用。以前他们只是被动地浏览网页、参观展览会，购买时髦的科技产品。现在，公众负有新的与科普工作者以至于艺术家一样关键的责任，编辑内容和对如何表现内容提出自己的方案。数字技术使当代现实生活中的每一个普通人都可能同时既是信息的受众又是信息的传者，信息化给公众带来了更多的自由。[9]

信息化是时代发展不可逆转的潮流。数字化，使得信息处理技术显得简单、统一、可靠；网络化，可以达成资源共享，科普的时间、空间得到拓展，趋于多向互动；智能化为科普提供智能导师、智能交互界面、自动答疑和咨询、学习助理等系统；科普信息多媒化使得科学知识展示具有多信媒、多通道、集成性、互动性等特点，可以为我们提供多媒化的科技知识展示，人性化的学习环境，交互化的学习交流和智能化的学习辅导。

四、科技传播发展趋势

科普工作的形式主义较为严重，缺少扎扎实实的工作。虽然国家和社会都非常重视科技工作，但大多数公众仍然觉得科学技术外在于自己的生活，没有在公众意识结构中占据重要位置。因而，公众普遍对科学技术缺乏兴趣，参与科普活动的积极性远远不够。

（一）科技传播媒介的转变[2]

1.科技传播媒介的现状 [3]

目前，大众传播媒介是公众获取科技信息的主要渠道。不同的人群在媒介选择上的差异较大。2006年我国颁布实施了《全民科学素质行动计划纲要》，将农民、城镇劳动人口、领导干部和公务员、青少年四类确定为提高科学素养的重点人群。为了解这些人群获取科技信息的情况，课题组主要对其中三类人口进行了重点分析：互联网、电视和报纸杂志是领导干部和公务员获取科技信息的主要媒介，其中互联网为33.5%，电视和报纸杂志均为29.5%。城镇劳动人口获取科技信息时最常利用的媒介是电视（45.4%），其次是互联网（26%），排在第三位的是报纸杂志（14.7%）。55.5%的农民选择电视作为获取科技信息的渠道，其次是报纸杂志（16.8%），和亲友同事的谈话占据10.9%，利用互联网获取科技信息的比例仅为5.9%。因此，不可低估人际关系传播在农民信息传播中的作用。

据中国科协调查，现今许多媒体中，没有专职的科技记者，没有固定的版面、栏目或时段，一些重大科技信息得不到充分的报道是造成科技宣传弱势的一个重要原因。①报纸：科技类报纸发展困难，综合性报纸科技传播力度小②电视：科技频道、科技节目所占比重小。中央电视台2001年设立

CCTV10为科技·教育频道，其"探索·发现""地理·中国"多个科技节目受到观众的欢迎。另外，CCTV-7的一些经济类节目如"致富经"等，也传播农业科技信息。中央电视台的科学节目播出时间仅为9%，且科学节目收视率不足1%，在很多地方还无法收看到。地方电视节目的科学节目更少。③互联网：科技信息零散，没有形成有力的传播平台。调查结果显示，在选择网站类型获取科技知识中，23.2%的受众通过专业科技网站获得科技信息，21%的受众通过门户网站获得科技信息，18.6%的受众通过政府网站获得科技信息，15.7%的受众通过科技局、科协网站获得科技信息，13.6%的受众通过微博获得科技信息。总体而言，在网络中没有哪一种方式占据明显的优势，网络中的科技信息比较分散，没有形成有力的传播平台。④新媒体：微博、手机等新媒体尚未被充分重视。微博，作为网络媒体一种新的衍生品，在近两年迅速崛起。社会经济地位较高的人和年轻人更快地接触到这种新的传播渠道。在科技信息传播过程中，科技传播的主体对微博、手机等新媒体的重视还不够充分。以新浪微博为例，以"科技"为关键词可搜索到相关微博500多个，但多为企业的宣传主页，而纯粹进行科技信息传播的微博却为数不多。并且这些微博中存在着信息碎片化的问题。

2.科技传播媒介的发展方向 [3, 4]

在坚持公益性投资的同时，科技传播媒介要走产业化的道路。我国大众传播媒体应该紧跟社会发展的脚步和国际潮流，把科技传播当作一个产业来做，要大力促进科技传播衍生文化产品的生产，把科普产品推向市场，从而带动相关产业群落的发展，形成完整的产业链，打造健康的科技传播产业体系。同时，政府需要出台相关的政策法规，对科技传播产业化进行引导和规范，鼓励企业创新，在竞争中做强做大。

大力培育科技传播媒体品牌。目前，除中央电视台科技频道的少数栏目外，我国科技传播媒体品牌缺乏，知名度不高，竞争力不足，对公众的吸引力不强，不能满足公众提高自身科学素质的需求，科技传播媒体品牌的培育亟待加强。科技传播媒体品牌、精品可以发挥重要的作用，收到很好的效果。其一，这些品牌、精品可以提供丰富、权威的科学技术方面的知识、技能和信息等，为公众提供更好的科普服务，从而更好地吸引公众，不断满足公众提高自身科学素质的需求。其二，媒体的品牌、精品可以带动我国科技传播水平和能力的整体提高。

　　根据不同受众的特点，注重分众传播，使传播效果最优化。针对领导干部和公务员。首先，要加大各项科技政策、法规在这个阶层的传播力度，使领导干部和公务员的模范作用能够在科技传播活动中真正发挥出来。其次，由于这个受众群体受教育程度较高，对科技传播信息的理解能力较强，可以发挥平面媒体文字传播的优势，增强相关科技信息的纵深度，发挥网络媒体信息量大的优势，提升传播效力。针对农民阶层的具体情况，应该加强科技政策传播，多传播实用性的科技知识和技术。在农村和边远地区，由于物质技术条件的制约，还主要通过电视和报纸等传统途径获得科技信息，而网络、成果展示等传播途径难以发挥作用，加之不少农民文化程度较低，应多利用电视等视听结合的媒体进行科技信息传播，用形象生动的传播方式提高传播效果。另外还应该就防灾减灾方面的科技知识加大传播力度。帮助农民更好地应对自然灾害，减少因灾害产生的经济财产损失。针对城镇劳动人口，除了强化信息的浅显易懂、生动有趣之外，还应就其感兴趣的传播内容如创业致富等相关信息，帮助城镇劳动人员创造财富、积累财富。针对未成年人应尽可能采用图文并茂的杂志、画报，也可以将科技知识融合进漫画书、动画片中，让他们在娱乐中学到科技知识。媒介融合时代，应注重新媒体的使用。

　　当今科技高速发展，新媒体新渠道日新月异。渠道的多样化，要求我们必须跟上时代的步伐，探索科技宣传工作的新方式。随着卫星技术、数字化技术和网络技术的进步以及这些技术在广电、通信领域的全方位渗透与应用。传统媒介的界限渐渐模糊。新媒体形式层出不穷，媒介终端可实现功能逐步强大。媒介融合时代已悄然到来，并对大众生活带来巨大的影响。因此，科技传播主体应跟随时代潮流的节奏，积极探索新媒体在科技传播中的使用。

（二）互动科普交流平台搭建

　　媒体进行科技传播时，无疑需要依赖科学家的参与。科学家是科学的操作者，知识和信息最终还是要来自于科学家群体。

　　理论上说，有许多理由要求科学家主动承担科学传播的责任。譬如，科学研究使用的资源最终来自于社会和公众（如纳税），科学家需要让公众了解他们的工作和进展；主动向公众传播科学，促进对科学的理解，从长远看有利于赢得公众对科学的支持；当代科学技术与经济社会、公众生活密切相关，科学家做科学不能封闭在"高墙大院"内，要对社会开放；在公众意识高涨和民主化进程背景下，公众在科学方面也应该有知情权，因为公众实际上是所有科学应用后果的最终承担者。

但是在我国，有许多原因使得科学家很难主动、积极从事科学传播工作。其中，有传统观念、评价机制的原因。许多科学家看不起科普，认为科普是不务正业，科学传播不在业绩评价指标中。

不可忽视的一点是，缺乏便捷的途径和平台也是重要原因[5, 6]。假如不被企事业单位、媒体、社区等组织机构邀请，科学家即使愿意做科普，也很难"主动"。

让科学家主动承担科学传播的责任，需要一种社会机制建设。在一些发达国家，科学家申请某些科研项目，其中就明确有科学传播的要求。大学、科研机构都愿意让科学家做科学传播工作，因为他们认识到这是科学工作的一部分。

媒体（特别是科学媒体）应当是调动起科学家主动性的一个很好的平台。当然，这需要媒体做好选题策划，并放弃"宣传"典型人物和研究成果的理念和做法。

（三）科技传播的信息化发展趋势[7]

近年来，互联网的迅速发展为提高我国公众的科学素质和科学知识普及工作提供了新的契机和强大的推动力。通过使用信息技术和手段，实现资源的优化配置是促进科技传播创新和深化的必由之路。运用和推进信息化技术有助于更加形象地揭示所要展示的事物的内涵，丰富其表现力，有助于激发受众的求知欲和探索精神。推进科技馆信息化建设，恰当运用自动控制技术、仿真技术、虚拟现代技术、影视技术等，将彻底改变传统的、单一的、枯燥的展示模式，促使科普展品与公众互动性的完美结合，大大提高了公众的认知效果和兴趣。把数字化、网络化的技术充分运用于科技馆的管理和发展中，建立虚拟科技馆和网上科技馆，利用网络、多媒体、仿真技术和远程教育手段，突破科技馆传统科普教育所受到的空间、时间和地域的限制，将为科技馆的科普展示和科普教育带来新的变革和创新。

参考文献

[1] 魏建丽. 科技传播对企业经济创新发展的影响 [J]. 科技传播，2014，1（下）：70-71.

[2] 程道才. 网络时代科技传播的碎片化策略 [J]. 广州大学学报（社会科学版），2010，2：56-60

[3] 谭汪洋，钟丹. 我国科技传播媒介的现状及发展对策 [J]. 新闻爱好者：下半月，2012（3）：59-60.

[4] 亢宽盈. 培育我国科技传播媒体品牌的意义、现状、目标、措施之研究 [C]//2009《全民科学素质行动计划纲要》论坛暨第十六届全国科普理论研讨会论文集，2009:114-120.

[5] 刘涛. 论媒介科技传播技术的发展 [J]. 东方企业文化·策略，2010，6：130.

[6] 龚花萍，沈玖玖，韩金锋. 科技传播手段的多媒体化发展 [J]. 图书馆理论与实践，2004（2）：39-41.

[7] 古荒. 从公共产品理论看科普事业与科普产业的结合 [J]. 科普研究，2012（2）.

[8] 刘洋，唐任伍，李冲. 科普产业：破题社会力量开展科普 [J]. 中国文化产业，2012（10）.

[9] 曾国屏. 关于科普文化产业几个问题的思考 [J]. 科普研究，2011（6）.

应用研究

智慧旅游在科普旅游中的应用

王海洋* 吴建国** 郭 星***

（安徽大学计算机科学与技术学院，安徽 合肥 230601）

摘 要

科普旅游是一种集旅游和文化知识于一体的新型旅游形式。用于科普旅游的智慧旅游系统既可以为旅游者提供良好的信息服务，帮助选择合适的旅游路线，又能够为科普旅游的规划提供依据，指导科普旅游建设。因此，开发智慧旅游系统具有重要意义。本文在运用了最新的 WPF 框架，论述了利用 WPF 控件开发用于科普旅游的智慧旅游系统的方法；给出了系统功能、设计思路、数据库连接等功能的实现方法，并且使用了语音识别和街景地图等技术。

关键词

科普旅游；WPF；智慧旅游；语音识别；街景地图

Abstract

Popular science tourism is a new tourism form of tourism and cultural knowledge in one. The intelligent tourism system in popular science tourism can provide good information service for tourists， to help choosing the right travel

---

* 王海洋（1987—），安徽亳州人，安徽大学计算机专业硕士，研究图像处理。

** 吴建国(1954—)，安徽泗县人，安徽大学软件学院计算机应用技术专业教授，博士生导师，研究方向：主要从事数字系统 EDA/CAD、中文信息处理技术、智能识别技术、嵌入式技术方面的研究。

*** 郭星（1983—），安徽合肥人，安徽大学计算机专业博士，研究图像处理。

routes， and can provide basis for popular science tourism planning and guiding the popular science tourism construction. Therefore， it is very important to develop the intelligent tourism system. Based on the latest WPF framework， we discuss the use of WPF control method for the intelligent tourism system of popular science tourism； and present the method of realizing system function， design idea， the database connection and other functions， and we use voice recognition and street map technology.

Keywords

Popular Science Tourism；WPF；Intelligent Tourism；Voice Recognition；Street Map

一、引言

科普旅游 [1-3] 是将旅游活动与普及科学文化知识结合起来，赋予旅游以科学普及的内涵的一种旅游形式。随着人们旅游需求的变化，具有知识性与科学性的景点成为旅游的热点。有旅游活动就一定要涉及科普方面的内容，就需要向游客介绍与旅游资源相关的科学知识，以加深对旅游景点的认识。因此，科普旅游应运而生。科普旅游包括科普和旅游两个方面的内容。科普旅游是通过旅游活动来普及科学文化知识。在旅游中普及科学文化知识不能像教育那样系统周全、长篇大套，而是结合各旅游产品自身所具有的特点，向游人介绍科学文化知识，达到寓教于乐，寓学于游的目的。旅游是一种获得审美享受的活动，它是一种人文活动。科普旅游就是在人文知识之上加入自然科学知识，从而实现了人文科学与自然科学的统一。

科普旅游资源，含有自然科普旅游资源和人文科普旅游资源。自然科普旅游资源以森林、湿地、火山熔岩、冰雪、滨海最具特色；人文科普旅游资源以汽车工业、化学工业、革命历史纪念地及区域文化为主体。近年来，科普旅游活动发展迅速，已经成为一种新兴的旅游形式并逐渐成为拉动旅游消费新的经济增长点，但旅游者在科普旅游活动中缺少必要的信息帮助，旅游规划者在制定科普旅游规划中也无据可依。因此，开发用于科普旅游的智慧旅游系统势在必行。故此，我们运用最新的语音识别、电子地图等技术和最新的编程思想，结合科普旅游资源进行了开发，提供对科普旅游资源的搜索、导航等功能。

二、系统分析

为了适应新形势，为科普旅游规划部门提供依据并为旅游者提供方便，我们开发了科普旅游的智慧旅游系统，其系统的主要功能：

智能语音：通过智能语音识别技术，将语音识别成指令，用于查询附近的餐饮美食、酒店等和当天的天气、火车航班等信息；

自助旅游：通过自助旅游功能，用户可以搜索目标省市景点的旅游方案，搜索条件包括住宿标准、游览时间、预算等；

门票预订：通过门票预定订能，用户可以查看感兴趣的景点的信息，并可直接预订门票；

景区购物：通过景区购物功能，用户可以浏览景区内旅游纪念品或特色产品，并可直接购买；

景区漫游：通过景区漫游功能，用户可以在地图上查看旅游经典的地理位置，并可查看街景地图；

信息发布：通过信息发布功能，系统管理员可以向终端中发布一些与旅游有关的信息，比如旅途安全、风俗人情、旅游产品等的信息；

酒店预定：通过酒店预定功能，用户可以浏览感兴趣景区附近的酒店，并可预订酒店。

三、 软件设计与实现

（一）整体设计

智慧旅游的整体架构如图 1 所示。终端大屏用于用户操作，用户的浏览信息，查询信息和预定门票酒店的操作都在这里完成；后台主要由服务器和数据库组成，数据库可以管理终端、发布信息等，并可接入科普数据库。

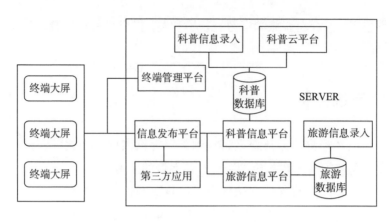

图1　系统整体架构

（二）终端设计

由于终端中使用了多种交互方式，如图片、文字、视频、声音等，WPF技术可以很容易地实现这些交互方式。因此，交互终端中使用了WPF技术。

图2　首页

WPF[4]是 Windows Presentation Foundation 的缩写，最初是微软为

Windows Vista 设计的用户界面框架。后来微软开放此技术，并提供了统一的编程模型、语言及框架。WPF 基于 DirectX 底层接口，带来优秀的图形向量渲染引擎，因此相对于上一代 GDI/GDI+ 编程模型有了质的飞跃，可以轻松实现 2D/3D 绚丽效果，比如半透明、图形翻转、平移、缩放等。

1. 首页

首页效果如图 2 所示，首页页面自上而下分为三个区域：

（1）上方区域，左侧显示欢迎语，右侧显示当前时间日期；

（2）中间区域滚动播放视频库内的视频；

（3）下方区域为主区域，各栏目内容均在此显示，所有点击操作均在此区域完成。

在操作过程中，上中两区域保持不变，下方区域随用户点击切换；下方区域首页显示标题"智慧旅游科普及游客服务系统"，7 个栏目板块；分为智能语音、自助旅游、门票预订、景区购物、景区漫游、信息发布、酒店预定；每个板块点击进入各自的二级界面；图标及文字可以自主调换；进入其他栏目二级页面后，在视频区域下方显示"7 个栏目 + 返回首页"快捷导航条。

首页功能用 WPF 实现如下：

（1）上方左侧放置一个 Label 控件，用于显示欢迎语，系统启动时读取数据库中的欢迎语，因此欢迎语可以在后台中修改；右侧上下各放置一个 Label 控件，上侧 Label 显示时钟，下侧 Label 显示日期，并将这两个 Label 关联一个定时器，每隔一段时间重新设置显示的文字，即时钟和日期；

（2）中间放置一个 MediaElement 控件，用于循环播放视频，视频的片段可以在后台中添加、修改和删除；

（3）下方放置一个 Canvas，首先这个 Canvas 加载背景图片，然后读取配置文件加载软件的 7 个功能，每个功能生成一个 Button 控件，点击 Button 后可进入相应的功能。

2. 智能语音

二级页面的智能语音通过智能语音技术[5]提供天气查询、餐饮美食、火车、飞机航班、酒店查询、地图导航等查询服务；点击界面上的语音按钮，说出要查询的中文内容，后台通过网络搜索返回结果；语音按钮下方小按钮点击后滚动显示分类问题示例；三级页面显示搜索结果。智能语音的效果如图 3 所示。

图3　智能语音

语音识别使用了科大讯飞智能语音系统，将用户的声音转化成指令，从而显示天气、火车航班、酒店、地图等信息。

智能语音的功能用 WPF 实现如下：

（1）上方的导航条在程序启动时已经加载完成，但是页面是隐藏的，点击功能后才会显示，所以在首页上并未见到如图 4 样导航条。

图4　导航条

（2）下方放置一个 Canvas 控件，首先加载背景图片，如图 5，然后生成一个中间的开始按钮和周围的示例按钮；点击开始按钮后语音识别系统开始工作，识别出结果后跳转到诸如天气、火车航班、餐馆酒店等页面；如果用户不知如何使用，则可以点击下方的示例按钮，此时下方的文字会着重显示此按钮对应的语音示例。

3. 自助旅游

自助旅游在用户选择目标省市和景点、游览天数、住宿标准后，输入经费预算，点击确定后，系统在三级页面给出旅游参考方案。自助旅游的效果图如图 5 所示。

图5 自助旅游

综上自助旅游的功能，用 WPF 实现如下：

（1）上方的导航条与图 4 导航条相同；

在自助旅游窗口中显示可选择的旅游条件，如目的地、景点、游览时间等，点击确定后进入下一页；

（2）首先按照选择的条件，在数据库中查找符合条件的旅游路线，然后在自助旅游的三级界面中放置一个 ListView 控件；ListView 的模板左侧显示旅游路线的地图图片，模板右侧显示路线的详细信息，这些图片和详细信息由数据库读取。

4. 门票预订

门票预订用于显示推荐景点门票信息并可点击预订。门票预订的效果图如图 6 所示。

门票预订的功能用 WPF 实现如下：

（1）上方的导航条与图 4 导航条相同；

（2）门票预订窗口中放置一个 ListView，ListView 的模板左侧显示景点的图片；模板中间显示景点的信息；模板右侧显示门票价格和预订按钮；

（3）点击某一景点门票后可以查看景点的详细信息和预订门票。

图6　门票预订

5. 景区购物

景区购物用于展示当地旅游纪念品或特色产品，点击商品进入详细页面后可选择购买。效果图如图 7 所示。

图7　景区购物

门票预订的功能用 WPF 实现如下：

（1）上方的导航条与图 4 导航条相同；

（2）景区购物窗口中放置一个 ListView，ListView 的模板上方显示商品的一幅图片；模板中间显示商品的名字；下方显示一段描述；

（3）点击某一商品后可进入商品详细页面，这里会有更多的商品图片和文字描述等。

6. 景区漫游

景区漫游集成国内主要景区的二维地图和三维街景图，可以预览景区主要景点，支持同时显示二维地图和三维街景图，方便快速定位，并可选择全国各省市，显示城市地图，标注主要景点并显示景点照片。点击景点照片放大显示，下方并列显示景点地图。此项功能中使用了街景地图[6]，景区漫游的效果如图 8 所示。

图8 景区漫游

景区漫游用 WPF 实现如下：

（1）导航条与图 4 导航条相同；

（2）景区漫游窗口中放置一个 WebBrowser 控件，在其中显示一副地图，地图的位置为目标省市；并在地图上显示景点的缩略图；

（3）点击景点后进入详细页面；在此页面可以查看景区的地图和街景，并且街景可以移动、缩放等。

7. 信息发布

信息发布提供的信息分为旅游科普、本地信息、旅游产品三大类，旅游科普有：旅途安全、出行保健、旅游气象、自然地理、历史文化、民俗风情等；本地信息有：景点推介、通知公告、游客须知、活动预告、客流信息、天气预报等；旅游产品有：旅行套餐推介、旅游用品推介等；点击类别显示该类别子栏目，点击子栏目显示文章，通过上下滑动操作阅读文章。信息发布的效果图如图9所示。

图9　信息发布

信息发布用 WPF 实现如下：

（1）导航条与图 4 导航条相同；

（2）信息发布窗口左侧放置 TreeView 控件，右侧放置 WebBrowser 控件；选择 TreeView 控件的节点后 WebBrowser 显示节点对应的文章信息。

8. 酒店预订

选择城市后按推荐顺序显示酒店信息；酒店信息包括酒店名称、地址、房型、价格、是否提供早餐、是否提供宽带等；预约凭证由第三方机构发送；预约如缴纳定金可采用微信或者支付宝的方式支付。酒店预订的效果图如图10 所示。

信息发布用 WPF 实现如下：

图10 酒店预订

（1）导航条与图4导航条相同；

（2）酒店预订窗口中放置 ListView 控件；ListView 控件模板上方显示酒店图片，下方显示酒店名称，ListView 的视图为 GridView；

（3）点击酒店后可显示酒店的详细信息，如酒店地址，房间种类和价格等。

（三）后台管理

后台管理主要完成修改、添加和删除终端的欢迎语、循环播放的视频、旅游方案信息、景点的门票信息、景区商品信息、景区街景信息、信息发布信息和酒店信息。

四、结束语

科普产业作为科技经济与文化的结合点，作为科技经济文化一体化的产业群，在发展社会主义市场经济的大背景下，正在成为我国公民科学素质建设和国家软实力建设的重要增长点我国科普产业潜力巨大前景广阔，随着社会的知识化发展，科普产业在我国公民科学素质建设和创新型国家建设中的地位和作用必将更加突出。发展科普产业，应当以扩大社会效益为导向，以提高经济效益为支柱，以满足人民群众的科技文化需要为前提，以回应科普市场需求为轴心，合理调整和优化科普产业结构和科普产品品种结构，科学地进行科普内容产品的创新和科普服务的创新。

参考文献

[1] 于洪贤，何卓，朱井丽.我国科普旅游的发展现状及发展对策[N].东北林业大学学报，2004（03）.

[2] 刘晓静，梁留科.国内科普旅游研究进展及启示[N].河南大学学报，2013（03）.

[3] 杨桄，刘湘南.科普旅游电子地图的开发[N].地球信息科学学报，2002（04）.

[4] 王鹏，崔静.新一代界面技术WPF的架构及应用[N].成都纺织高等专科学校学报，2011（01）.

[5] 詹新明，黄南山，杨灿.语音识别技术研究进展[J].现代计算机，2008（09）.

[6] 王爽，齐昕.SOSO街景真实的城市罗盘[J].电脑迷，2012（09）.

云计算在科普信息化中的三类应用

姚继锋[*]

（中国科学院软件研究所）

摘　要

　　本文简要分析了当前科普信息化的特点及不足，参照云计算在其他领域的成功应用模式，提出了云计算可能促进科普信息化的三种方式：简单应用，即将现有科普信息化系统迁移至云平台；高级应用，即基于云平台进行开发，促进科普信息的传播、交流和共享；创新应用，即基于移动互联网、大数据分析等新技术的新型科普信息化手段或途径。

关键词

　　云计算；科普云；大数据

Abstract

　　After a brief analysis of the characteristics and deficiencies of current status，3 possible ways of applying cloud computing to information technologies for science popularization were proposed in this paper. The simplest way is to redeploy existing science popularization IT systems，mostly websites，on cloud computing platforms. A better way is to develop new science popularization applications，leveraging the advantages provided by storage and computing

---

[*]　姚继锋（1976—），江苏泰兴人，中国科学院软件所计算机专业博士，高级工程师，主要研究方向为高性能计算、云计算及大数据。

cloud. The creative but hardest way is to discovery new methods and scenarios of science popularization based on latest technologies such as mobile internet and big data analysis.

Keywords

Cloud computing；Popular Science Cloud；Big Date

一、前言

云计算（Cloud Computing）自 2006 年被提出以后，迅速得到众多软硬件厂商、科研机构以及应用行业的认可，在短短数年内，取得了长足的发展。究其根由，是因为和基于个人桌面的传统计算相比，基于互联网的云计算在成本、易用性、可靠性、可扩展性等诸多方面均有着显著的优势 [1, 2]。当前，云计算已经不再是新名词或新技术（这一点上取而代之的是"大数据"），而是众多行业、领域构建信息化系统的最主要技术途径或方案之一 [3-5]。

"加快推进科普信息化"是当前科普领域最重要的任务之一，将云计算理念、技术及产品应用于科普信息化是达成这一任务的可行途径之一，并且已经有科普云 [6]、基于云计算的科普服务平台 [7] 等相关的探索或研究性工作。但整体而言，目前对如何将云计算应用于科普信息化尚缺乏深入的探讨，更没有成功案例可借鉴。

本文首先简要分析了当前科普信息化系统（主要是科普类网站）的特点，随后参照云计算在其他领域的成功应用，提出了云计算在科普信息化进程中可能的三类应用。

二、当前科普信息系统的特点和不足

科普信息化作为国家信息化的重要组成部分，近些年来已经有了长足的发展并取得了显著的成绩。中国数字科技馆、科学网、化石网、科学松鼠会、果壳网、新浪科学探索等众多优秀的科普类网站内容丰富、新颖，有益且生动有趣，在国内有着广泛的受众和影响力。

从科普信息化进一步提升和发展的角度看，当前科普信息化，主要是科普类网站的特点及其可能面临的不足和挑战包括：

（1）政府主导的网站大多仍以内容展现，静态、单向阅读为主，落后于科学松鼠会、果壳网等 Web 2.0 网站；

（2）科普类网站的内容以文字或图文为主，在科普内容的丰富性和多样性上仍有较大提升空间；

（3）网站的交互性和互动性仍可进一步加强；

（4）目前已有多个不同领域背景的科普网站，这是由以供方主导的科普模式（如化石网由古生物领域机构设立），而未能更多地以受方需求主导（如根据受众年龄、性别、职业、受教育程度等）；

（5）综合类科普网站同质性明显，原创内容增长缓慢；

（6）科普信息以被动等待受众访问为主，主动推向受众手段不足。

上述特点或挑战涉及科普信息化的诸多方面，科普信息化的推进存在着诸多难题和挑战。在这一过程中，云计算又将能起到什么样的作用？

三、云计算的三类应用

云计算，与其说是一种技术，还不如说是一种新的理念或信息系统建设及使用的新模式：将计算、存储、数据等各类资源集中部署，用户以"租赁"方式透过网络共享上述资源，而无需在本地建设、维护软硬件系统。云计算作为一个纯粹的信息领域手段，并不能直接解决上述科普信息化面临的挑战，但它可以为应对挑战提供巨大的助力。

综观近年来云计算在各个领域的应用，可以发现云计算的主要作用分为两大类：

量变类——以更低廉、稳定、可靠、可扩展的方式实现过去能够完成的事情，如 IDC 主机托管、虚拟化一机多用等。

质变类——使得以前难以或者不可能完成的事情成为可能，如中小企业信息化云平台使得初创企业可以构建企业信息化系统，百度云开发平台、讯飞语音云服务平台催生众多创业者等。

参照云计算在其他领域的成功应用，结合科普信息化的特点及未来需求，云计算应可在如下三个层面促进科普信息化进程。

（一）简单应用

科普云为现有各个科普信息系统提供统一的计算、存储及网络资源服务。以安徽一省为例，统一建设科普云平台，计算、存储、网络资源在专业云计算中心统一部署，并配备专业运维人员；随后可以将全省科普领域现有的绝大部分信息系统包括内部信息化系统、各个科普网站、各个科普机构门户网站（如市科协网站）等迁移至科普云平台，统一部署管理。

这样带来的主要好处包括：

（1）降低科普信息化建设整体成本，科普信息化投资效率；

（2）专业云平台系统及运维人员提供更高的系统可靠性、稳定性；

（3）解放人力（原有的各个独立系统的运维管理人员），更多人投身科普推广、内容建设等其他方面；

（4）为未来的信息系统整合打下良好的基础。

（二）高级应用

科普云不仅仅提供类似于 IDC 的主机托管服务，而是提供科普信息化系统开发接口并可配备多个科普信息化业务平台，如科普动画制作、科普交互应用开发／测试、面向特定领域的科普数据中心建设等。

平台的建设首先需要具备改进科普信息化系统（如科普网站）的新内容、新思路、新方法，即完成信息化系统的定位和设计，随后才是基于云计算技术的开发和实施。

以从 Web 1.0 网站转向类似果壳网的 Web 2.0 网站为例，这一转变过程需要对网站架构进行重新规划，除了页面的交互性以外（这是简单的），关键是后台系统的设计：网站是否能支持数千人、数万乃至数十万人的并发访问？当网站推出移动应用时，如何与原有平台无缝衔接？……此时就可以以云计算理念、采用云计算技术对系统进行设计和实现。

再如科普云可内置动漫制作平台，为科普内容创作提供便捷的工具，使得普通大众参与专业科普内容制作成为可能。

整体而言，此类应用对科普信息化带来的好处主要包括：

（1）云平台不仅提供内容，还提供接口，改变原有的信息单向模式，使得科普参与的社会化、全民化成为可能；

（2）科普信息化系统采用 Web 2.0、移动 APP 等新形态或新技术更为便捷和可靠；

（3）对科普云内容进行全面、有机地整合，去重补缺；

（4）通过公共接口定义及设计，可使得不同科普云平台间的进行资源、工具等的共享和交互；

（三）创新应用

云计算不能直接改变科普信息化，但它为科普信息化的发展和进步提供了纸和笔、刀和枪，将云计算应用于科普信息化、促进科普信息化，除了需要技术，或许更需要艺术、想象力和创造力：当拥有强大的计算资源（大量服务器）、数据资源（各类科普信息、资料、数据库）时，如何设计、创造新的科普信息化形式、途径、应用或其他。

以电子科普画廊为例（尽管它的创造性可能不足），科普云是分布在城乡各处画廊的大脑和中枢，所有单个电子画廊仅是完成内容的展现和对用户交互操作的响应，实际的内容制作、发布、用户操作响应等均是在科普云平台完成。这不仅降低了画廊的实施和维护成本，还使得内容的实时更新、动态反馈等成为可能。

在创新应用中，不能不提的是大数据理念。大数据（Big Data）是继云计算之后的又一个信息领域热点话题，并且和云计算概念出现时有众多的质疑不同，大数据概念一经出现，就获得了工业界、学术界及政府的高度认可。从数据中挖掘价值、基于大数据实施创新，这已经成为众多领域的热门课题，并且已经在金融、互联网等领域获得了巨大成功。

而大数据和云计算又有着天然的联系：集中存储的云计算中心里，正有着海量的"大数据"等待分析、处理、挖掘。那么当科普云建成后，能否应用大数据技术从现有的各类科普资源中挖掘出新的观点、思想、知识？或者更好地去理解、认识科普受众的习惯和思维方式，从而去改进科普的内容、方法或者途径？我个人对此充满乐观，毫不怀疑。

参考文献

[1]ARMBRUST A，FOX A，GRIFFITH R，et al. Above the Clouds: A Berkeley View of Cloud Computing [R/OL]. 2009-02-10.http://www.eecs.berkeley.edu/

Pubs/TechRpts/2009/EECS-2009-28.pdf.

[2] 陈康，郑纬民 . 云计算 : 系统实例与研究现状 [J]. 软件学报，2009（05）:1337-1348.

[3] 李春霖 . 云计算综述与移动云计算的应用研究 [J]. 科技创新与应用，2014（24）:14-20.

[4] 龚强 . 云计算应用展望与思考 [J]. 信息技术，2013（01）:1-4.

[5] 安建伟 . 云计算应用模式日渐明朗 [J]. 互联网周刊，2013（19）:16-17.

[6] 钟燕凌 . 云计算在科普教育中的应用探索 [J]. 科教导刊 - 电子版，2013（10）:130.

[7] 莫晓云 . 基于云计算的科普服务平台研究 [D]. 广东：广东技术师范学院计算机科学学院，2013.

基于云计算技术的科普云理念构建和方案设计研究

谢广岭* 朱婧婷** 周荣庭***

（中国科学技术大学 安徽 合肥 230026）

摘 要

科普云是新时期信息化科普和科普产业发展的一种全新探索，即以云计算技术为支撑，构建虚拟科普云服务平台，聚合科普内容资源，畅通科普传播和交易渠道，完善科普终端服务，构建全新的科普服务新模式。论文探讨了较为完整的科普云理念，并提出系统的科普云服务平台整体方案设计思路，试图通过搭建科普产业与云计算技术的完美"联姻"平台，为解决科普工作面临的困境与难题，提供有益的探索方向，从而为促进"十二五"期间科普产业大发展增添助力。

关键词

云计算；云平台；科普；理念构建；方案设计

* 谢广岭（1988—），安徽蒙城人，中国科学技术大学传媒管理学博士生，研究方向：科技传播、传媒管理、新媒体与数字出版。

** 朱婧婷（1990—），安徽淮南人，中国科学技术大学科技传播与科技政策系研究生，研究方向：新闻与传播、科学普及与创新。

*** 周荣庭（1969—），浙江东阳人，中国科学技术大学科技传播与科技政策系主任、教授、博士生导师，研究方向：科技传播、传媒管理、新媒体与数字出版。

Abstract

The cloud computing together with the science popularization is a new exploration of the science popularization industry in the new period. It is a new model of the science popularization services which is supported by the cloud computing technology，containing a virtual services platform with the science popularization contents，and the transaction channels. This paper explores an integral idea of the information of science popularization and proposes a systematic scheme to build a platform for it. We try to solve the problems of the science popularization and point out a direction by designing a perfect platform which joints the science popularization and the cloud computing. And we hope that it can make contribution to the development of the science popularization industry.

Keywords

Cloud Computing；Science popularization；Connotation of the concept；Project Design

一、科普云的研究背景

科普即科学技术普及，主要是指采用公众易于理解、接受和参与的方式，普及自然科学和社会科学知识，传播科学思想，弘扬科学精神，倡导科学方法，推广科学技术应用的活动，是提高公民科学素质的最有效手段之一。科普工作开展得成功与否，直接关系到一个国家国民科学素质的提升的程度。2007年科技部等八部委联合下发了《关于加强国家科普能力建设的若干意见》，指出国家科普能力建设是建设创新型国家的一项基础性、战略性任务；同时《全民科学素质行动计划纲要（2006—2010—2020年）》指出目标，到2015年，实现我国公民科学素质的显著提高，使我国公民具备基本科学素质的比例超过5%。

云计算领域的飞速发展为我国的科普事业带来了极大的发展契机。目前，云服务已广泛应用于远程教育、电子商务、网络存储、在线办公、搜索引擎、电信和物流等领域。2013年发布的《中国云计算产业发展白皮书》称，当前中国云计算产业尚处于导入和准备阶段，处在大规模爆发的前夜。研究数据显示，今年全球公共云服务市场规模预计将增长 18.5%，达到 131 亿美元。据赛迪顾问预测，2013 年底我国云计算市场规模将达到 1174.12 亿元，2010—2013 年 4 年间平均复合增长率达到 91.5%（如图 1，引自《中国云计算产业发展白皮书》）。截至 2012 年 5 月，中国科技部批准在北京、无锡、深圳、长沙、天津、济南、青岛 7 处建设云计算中心①。

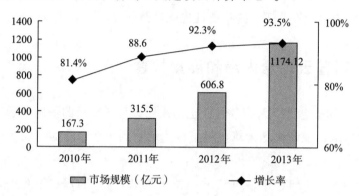

图1 2010–2013年中国云计算市场规模与增长

在科普领域，2012 年北京市科协主办建设了国内第一个采用云计算技术建设的大型公益网站——"蝌蚪五线谱"（腾讯网.北京电信承建国内首个云计算科普网站 [EB/OL].http://tech.qq.com/a/20120202/000442.html）。这是云计算在科普信息系统的首个应用，为提高科普信息化、服务质量、水平和效率发挥了巨大作用。同年 5 月，北京开始成立首都第一家数字云中心，"艺术云廊"和"数字文化社区"是该中心的两个主要云服务平台，其中，"艺术云廊"云中心通过与艺术品拍卖行、画廊合作，运用三维图片、视频等多媒体形式将书画、古玩等艺术品进行电子化处理，通过"云"端展示给爱好者；"数字文化社区"则通过打造"云生活"的理念，将图书、杂志、音乐、报纸、游戏等数字内容进行"云"发布，用户可以通过个人的云终端或者社区云终端进行访问，让传统艺术和云概念充分融合，享受科技带来的更加便捷、富有效率的生活。

2012 年 12 月，上海市也开始尝试利用云计算技术开展科普工作，如其运行的"云中科普在线"，利用虚拟网络提供了数字养老资源平台、公共安

① 百度百科.云计算中心 [EB/OL].http://baike.baidu.com/view/7153061.html.

全科普资源平台、科普动漫等多元化在线科普资源。因此，科普云的提出是符合新时期科普发展潮流的，不仅是产业化发展的需求，也是能够实现更好发展科普工作的实际要求。一方面，拓展了数字化科普资源内容体系；另一方面，公众可以按需使用科普资源，增强了公众了解、参与科普活动的积极性和主动性；同时也是科普产业化的有效尝试。随着科普手段进步和科普环境的变化，基于云计算的完整的科普云理念提出以及基于此种理念所进行的科普云平台构建和设计研究的重要性也就日益凸显。

二、科普云理念内涵和要素构建

"云"的概念被引入到各行业也由来已久，科普云的基础源于当下流行的云计算技术，或者说是计算机科学概念运用到科普产业的商业实现和新型传播方式。

云计算是一种 IT 资源的交付和使用模式，指通过网络（包括互联网 Internet 和企业内部网 Intranet）以按需、易扩展的方式获得所需的硬件、平台、软件及服务等资源，主要内容包括：架构即服务（IaaS）、数据存储即服务（DaaS）、平台即服务（PaaS）、软件即服务（SaaS）、"云安全"和虚拟化应用等内容。[①]把"云"的概念引入到科普领域形成"科普云"是信息化时代科普创新发展的一个具有开创性的尝试。

实际上，"科普云"就是一个基于现实科普环境的虚拟科普服务平台，该平台可以有效聚合国内外优秀科普内容资源，搭建科普资源库，整合科普渠道实现多效联动，同时该平台可以让科普产业链中所有的参与者，包括内容生产主体、内容提供主体、渠道发行主体以及终端科普对象，都能够在这个云平台上享受到相应的服务"按需索取"，实现资源库的共建共享。本文认为，完整的科普云理念和内涵应该包括技术云、内容云、渠道云、商业云、标准云、服务云六大要素（如图2）。

第一，技术基础云是支撑科普云服务平台运行的设施基础。包括架构即服务（IaaS）、数据存储即服务（DaaS）、平台即服务（PaaS）、软件即服

---

① 百度文库：中国云计算产业发展白皮书 [EB/OL]，http://wenku.baidu.com/link?url=SPT4SFUaz5tJhm
CY68fe9Exw7pmV3hYkQMC_NOCVy5Fmls7N9bH5O0i1g9NEZSrM4PzBUC_Rw_140mtuGA30LnED0Jc
UrWrHDhW9WjNkpCq。

务（SaaS）、"云安全"和虚拟化应用等内容，可以实现科普资源的云端存储、云端管理和云端应用等服务。

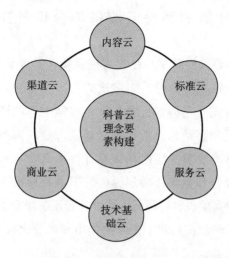

图2　科普云理念内涵和要素构建

第二，内容云是科普云服务平台的传播的核心资源。内容是科普云信息传输的资源库，可以是"按需索取、按量收费"，通过云平台打通线上线下的资源整合渠道，包括原创开发，网络整合，版权购买、众包模式等。

第三，渠道云是科普云服务平台内容发布的通道。建立涵盖电子商务平台的网上商店、三网融合、移动终端、公共信息推送工具、科技馆、科普活动基地，形成覆盖 PCPAD、智能手机、移动大屏等，包括虚拟社区和线下互动的模式。

第四，商业云是科普云服务平台运营的商业实现，也可称之为科普云的商业模式，该模式通过开放云平台，提供全内容、高性能的硬件和智能系统终端，为社会公众提供高品质的互联网科普文化体验。基本形成具有"硬件＋内容＋应用＋服务"的全价值链盈利模式。

第五，标准云是科普云服务平台运行的有力保障和保持行业发展强竞争力的有效手段，应该包括内容聚合标准、硬件设施输入输出标准、行业平台兼容标准以及科普云产业环境背景下的行业标准等。

第六，服务云是科普云服务平台为科普链条上参与者更好的服务的良好设计。它是面向科普产品生产者和科普对象的开放式的服务平台，包括为科普内容生产者提供的开发、出售和运营支撑；为科普对象和终端消费者提供的个性化的产品、服务和互动等。

三、基于云计算的科普云服务平台设计研究

基于云计算的科普云服务平台是科普信息化在云计算平台上的具体应用，该服务平台的设计应该是全方位、多层次的。本文将从以下几个方面来进行思考和具体设计。首先，是科普云服务平台实施主体由谁来承担，这是涉及科普云平台能否实现和落地建设的前提。其次，是具体到如何实施云平台框架、内容、渠道、标准及服务层面具体设计，本文将从云技术基础支撑层和平台应用层、内容聚合和渠道传播层、终端服务和标准设计层六个层面来完成科普云服务平台的完整设计；最后，是科普云服务平台的管理和运行维护，这直接关系到科普云平台在科普工作中的作用和产业化发展。

（一）实施主体层设计

实施主体由谁来承担是科普云方案构建能否实现和落地首先要考虑的问题。从目前云计算产业特点来看，主体设计可以有三种方案来进行选择实施，即政府主导型、企业领航型和政策扶持、企业组建行业联盟的形式（如表1）。

表 1　产业云平台类型表（根据产业整理）

主体类型	优点	缺点	案例
政府主导型	政策扶持力度高 政府牵头实力团队	市场把握不足	重庆两江国际云计算中心 天津云计算中心
企业领航型	容易调整方向 市场主导	安全隐患 容易受牵制	亚马逊 微软、甲骨文 华为、盛大云平台
政策扶持下的 行业联盟	政策扶持力度高 行业联盟强强联合 市场判断敏锐	容易受行政左右	国家数字出版基地 成都云计算中心 数字出版云计算中心

方案一，政府主导型。这种类型云计算产业平台大多都享有较高的政府政策扶持。通过政府组建专家团队对云计算在某行业运用进行论证，然后由政府出面来组织有实力的团队或组织来实施建设，能够很好地形成合力，多以政务为主，用在企业和行业大多表现出缺乏活力和对市场缺乏足够把握

等不足，如重庆两江国际云计算中心暨中国国际电子商务中心重庆数据产业园。

方案二，企业引领型。云计算技术首先就是在企业中进行商业实现的，因此这种种形式具有很好的基础。但科普事业不是纯粹的市场行为，而且相对较为成熟科普企业相对较少，如果纯粹有企业自身组织科普云建设，缺乏相应的后盾的推动，会显得后劲不足。

方案三，政府扶持下，组建科普行业联盟进行科普云的系统研究和产业实践。在这种模式中，由政府牵头可以很好的享受政策红利，把握政策扶持，同时，由科普行业领航企业组建的行业联盟，能够很好地对市场进行把握，进行强强联合。2011 年经新闻出版总署批准，国家数字出版基地项目在天津空港经济区落户，由中启创集团与天津空港政府签署云计算数据中心合作协议，成立启云科技，建设、运营国内第一家数字出版云计算中心，就是这样一种模式，目前已经取得了很好的成绩。

本文在科普云实施主体的选择上更加偏重第三种。比如政府相关部门（如中国科协、安徽省人民政府、省市科协等）牵头，行业领航组织或者龙头企业（安徽省科普产品工程研发中心）来领航，组建云科普产业联盟的形式来实现。

（二）基础设施层和平台应用层设计

基础设施层对应的是云基础设施即服务（IaaS）。在云平台基本架构的基础实施层中，可细分为物理层和虚拟层两层。其中，物理层包含的是计算机、服务器、存储器、网络设备等硬件设备。这些硬件设备经过虚拟化处理后形成的资源可以看作一个庞大的资源池。把物理层的资源虚拟化后形成的虚拟层，基础设施层可以灵活地为上层提供各种虚拟的服务，实现强大的计算能力和海量的数据存储。通过云管理工具，基础设施层可以灵活地分配和回收虚拟资源，为在基础设施层上部署各种服务提供帮助，用户可以在基础设施层上构建各种平台和应用（如图 3）。

完成科普云基础框架，便可以进行平台即服务（Platform as a Service, PaaS），该服务是由一系列软件资源组成，为用户提供开发和运行应用系统的环境，并具有对其监管控制的功能。云平台层为 Web 应用和服务的完整生命周期提供所需要的基础设施，开发人员和系统用户无须下载安装软件，只需要通过网络即可获取所需，比如规制端口登入、透明信息监管、兼容接口接入等（如图3）。

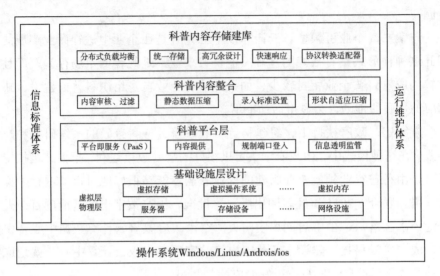

图3 科普云平台基础设施层设计

当然，云框架也可以由第三方云服务供应商提供。IBM 是面向企业级的云服务提供商，它推出的"蓝云计划"可以将企业自己的计算需求分散到可全球访问的资源网格中，使得计算不仅仅局限在本地机器或远程服务器上。另外，企业利用"蓝云"可以对自身现有的基础架构进行整合，通过虚拟化技术和自动化技术，构建自己的云计算中心，实现硬件资源和软件资源的统一管理、统一分配、统一部署、统一监控和统一备份，打破应用对资源的独占，从而帮助企业实现云计算理念。因此，科普云基础架构可借鉴 IBM 推出的"蓝天云"（Windows Azure，又称"蓝云计划"）操作系统进行框架搭建。

"蓝云"是基于 IBM 系统技术和相关服务支持的开放标准和软件开源，能够集成系列智能基础设施管理解决方案，包括 WebSphere、Tivoli、DB2 等与硬件产品等，为企业构建出分布式、可全球共享和访问的资源架构。具体来讲，Windows Azure 是基于 IBM Almaden 研究中心的云基础架构，包括 Linux 操作系统映像、Xen（开放源代码虚拟机监视器）和 PowerVM 虚拟化以及 Hadoop（分布式系统基础架构）文件系统与并行构建，通过管理服务器来保障基于需求的最佳性能，可以跨越多服务器实时分配资源，为企业提供无缝体验、性能加速和特殊环境下的稳定服务（如图4①，引自IBM"蓝天云"框架体系）。

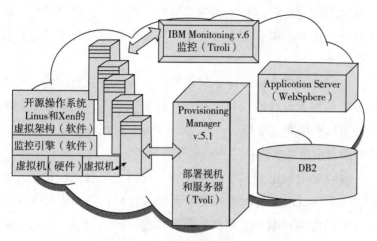

图4　IBM云计算框架体系

（三）内容聚合和渠道传输层设计

科普内容资源的整合优化和发布渠道畅通是科普云构想能够良好落地实施和发展的基础和竞争保障，内容聚合和渠道传输是在内容聚合和渠道发行构建上，科普云平台构建可以从四个层面来进行落实构想（如图5）。

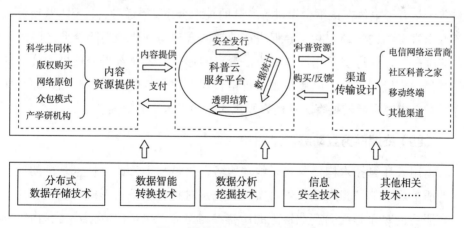

图5　科普云平台构建示意图

第一，大数据内容存储层面设计。在云科普平台存储上，平台采用基于

---

① IT168，IBM 云计算框架体系 [EB/OL]. http://wenku.it168.com/redian/ibm/.

云计算的分布式存储技术，充分利用科普联盟的各个成员的计算机硬件存储设备的磁盘空间构成一个大虚拟存储中心平台，解决普通的计算机进行大数据存储很难实现的内容资源存储和归类整理。当然，云科普平台上各参与主体通过账号登入在大虚拟存储中心可建立相应个性化的分平台进行资源分区存储和共享。

第二，内容资源整合标准输入层面设计。云科普平台在输入技术上，通过智能转换引擎技术设计统一描述接口，将不同类型、不同格式的数字内容转换为统一的标准格式，支持 AVI、PDF、Doc、FIT、MPS、Rmvb、MP3 等几十种格式的自由转换实现数字资源的整合输入。

第三，内容渠道输出和共享层面设计。云科普平台在接口设计时遵照公认的 MPEG-7 和 SCORM 等标准规范设置通用接口，进而保障与多个科普服务平台实现互联互通，联合互联网、电信传输、无线设备、移动媒体接收等保障渠道畅通。

第四，内容资源保护和投送层面设计。在具体发布和操作上，运用智能关联与投送技术、数字版权保护技术、全文检索、数据挖掘、内容关联等云计算具有针对性的服务项目，可以为科普云的发展提升更大空间。

内容聚合和渠道发行构建的四个层面相互关联形成一个统一的整体，可以很好地实现内容资源的整合、输入、保护和输出，让科学共同体、普通受众、科普参与者等主体在该平台上进行充分的技术合作、渠道融合、资本联动等，科普内容资源的畅通和共享会促进产业链的合理与优化，消除企业之间的无形"壁垒"，促进多元化产业集成汇聚点的形成。云科普平台可以为公众提供选择内容类型丰富、品质过硬、价格合理、使用方便的科普产品，并且保障了科普内容资源转换率、使用率和集约化加工水平的提高。

（四）终端服务互动层设计

运用云计算技术构建科普云终端服务，这是基于云计算技术基础的现实科普服务环境的"拟态化"聚合实现，也是对科普服务新形式探索。科普云平台服务的对象是面向产业链上的所有参与主体，包括内容创作者、内容提供主体、渠道参与主体、终端科普服务对象等，通过平台构建一个完整的云科普虚拟联盟或虚拟社区，实现多主体互动式服务。

多主体参与互动式服务可以从三个方面落实构想（如图 6）。

第一，平台主体参与形态层面设计。在云平台管理上使用发放账号登入平台的形式，让平台主体实现互通互联，形成云平台到内容主体、云平台到企业主体、云平台到渠道商主体到科普对象、内容主体到渠道商再到科普对象的便捷 B2C 和 B2B2C 的交易模式和传播模式，同时在平台维护上引入积分制或等级制，在平台上活跃的主体可以得到相应的政策激励或者优惠。

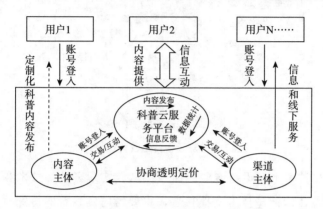

图6　多主体互动和信息监控反馈示意图

第二，个性化和定制化服务层面设计。在平台上根据企业需求建立分区，通过组建跨平台的联合服务或针对社区的特殊服务，根据不同产品类型、需求特点、使用环境、用户类别等建立有针对性的个性化服务和定制服务。

第三，信息互动层面设计。科普各参与主体在科普云平台上发布内容和信息，各渠道的数据情况可以透明地在平台上随时显示，可以为云平台的参与者主体和终端科普对象提供服务，包括平台主体可以随时掌握其所需要的信息，包括终端科普对象的查询记录、点击购买等行为都可以一览无余；企业主体和渠道商可以在平台上清晰地看到销售数据，及时了解市场的需求方向；终端受众可以借助类似统一的阅读终端看到不同科普主体提供的内容服务。

（五）科普云平台运营管理层设计

云平台控制管理在云计算平台中起到重要的协调作用。本文通过建立科普云平台管理控制中心的形式来完成整个平台的运营。平台控制管理中心采用协同联动模式，实现管理、人员和技术的三者协同融合（如图7）。

首先，在管理上，设置严格的运维管理制度和等级制度，并且部门分工分级实现故障和困难问题的及时处理，通过云管理中心，实现云平台各层的资源配置和部署，确保各层协调工作，下层和上层联动。

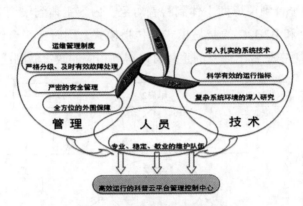

图7 科普云平台运营管理设计

其次，在技术上，设置专业的研发团队，实现云计算技术和科普特性的紧密结合，既让云计算技术支撑科普，也要考虑到科普的特殊性，包括深入扎实的系统技术、科学有效的运行指标和复杂环境的深入研究等，让技术充分成为云平台合理运行的基础手段。

最后，在人员设置上，实现专人专管，同时在人员成长上还应该设置梯度模式，打造专业、稳定、敬业的维护团队。

此外，平台的安全认证、用户注册、用户认证、访问控制等也是通过云管理控制中心实现的，从而保证了云平台的安全性。

四、总结和展望

随着《科学素质纲要》的颁布实施，科普资源的实际需求日益增长，科普资源共建共享的重要性也日益提升，正在引发新一轮科普资源建设的高潮。基于互联网浪潮的网络科普不断活跃，极大地拓展了科普渠道，甚至引起了科普工作思维模式和科普理念的变化，以信息技术为核心的现代科学技术在科普工作中的应用，不仅会在未来为科技知识普及，公众理解科技，科学对话的手段、形式、渠道创新提供更多的可能性，而且会在许多方面深刻影响并推动科普工作的发展，提升科普活动的效果，提高科普服务的能力。

基于云计算技术的科普云服务平台建设的提出是符合国家战略需求和产

业环境大发展的时代潮流的。本文把成熟的云计算技术引入到科普领域，分析云计算的产业特点和行业运用，同时与科普和科普产业的特性进行完美结合，提出完整的科普云理念，并且尝试从技术云、内容云、渠道云、商业云、标准云、服务云六个层次维度进行诠释，期待能够为科普云构建和建设提供一个合理的理论支撑。

在此基础上，本文设计通过政策指导，让科普主管部门（如中国科协、省市自治区科协）、科普行业领航者或科普联盟作为实施主体进行落地和实施，搭建统一的科普云服务平台，实现聚合科普领域分散的、独享的、碎片化的内容资源，努力建立一套适合各参与主体的统一标准，实现终端服务人性化、定制化和便捷化的体系，实现科普产业链中所有的参与者，包括内容生产和提供主体、渠道发行主体以及终端科普对象，都能够在这个云平台上享受到相应的服务，实现资源库的共建共享，从而更好地提升我国的科普工作能力，为提高全民的科学素质做出贡献。

参考文献

[1] 周荣庭，谢广岭. 云出版：数字出版产业发展新的理念构建和方案设计研究 [J]. 中国出版，2013（10）：31-35.

[2] 王倩，潘郁. 云计算平台下的电子商务 [J]. 电子商务，2009（11）.

[3] 洪广玉. 科普云带来颠覆式体验 [N]. 北京科技报，2013-5-20（042）.

[4] 豆丁网. 成都云计算中心的运营和管理模式 [EB/OL].http://www.docin.com/p-560115493.html.

[5] 司楠. 新时期我国科普工作存在问题与对策研究 [D]. 郑州，郑州大学，2011（5）.

[6]A.Osterwalder，Y.Pigneur，Chirstopher L.Tucci.Clarifying Business Models:Origins，Present and Future of the Concept [J]. Communications of the Information System，2005，15（5）:1-25.

[7]MacSlocum. Cloud Compting's Potential Impact on Publishing [EB/OL]. http://radar.oreilly.com/2012/07/cloud-computing potential-imp.html. [2008-7-22].

[8] 中国经济网. 北京首家数字出版云中心启动 [EB/OL]. http://www.ce.cn/xwzx/gnsz/gdxw/2012/0525/t20120525_23354574.shtml.

科普动漫标准研究

陈拥权[*]

（合肥寰景信息技术有限公司）

摘　要

本文对科普动漫产品及其标准化的相关概念体系和支撑理论做了系统的梳理和分析，明确了科普动漫的概念、界定科普动漫的内涵与外延，阐述科普动漫产业及产品的特点以及表现形式的分类，为未来的研究工作奠定切实的理论基础；对科普动漫标准体系的实施提出了相应的政策建议，从而为科普动漫产业的标准化进程提供科学的策略指导，为科普动漫产业健康有序发展提供基本的政策和制度保证。

关键词

科普动漫；标准

Abstract

This paper makes a systematic review and analysis of the relevant concept system and supporting theories of popular science animation productions and their standardization. In this paper，the definition of popular science animation is made clearly，the connotation and denotation of popular science animation is defined，the characteristics of popular science animation industry，the features of popular science animation productions and the classification of their manifestation are

---

* 陈拥权（1978—），河北秦皇岛人，中国科学技术大学工学硕士，合肥寰景信息技术有限公司董事长。

illustrated，which provides solid theoretical basis for future study. This paper proposes corresponding policy suggestions for the implementation of the standard system of popular science animation. In this way，it provides strategetic guidance for the standardization development of the popular science animation industry and provides basic policy and regulation guarantee for the sound and orderly development of the popular science animation industry.

Keywords

Popular science animation；Starhdards

一、引言

目前我国科普动漫发展已初具规模，但与发达国家相比，不论规模还是效益上都差距甚大。普遍存在的问题是立意上通常利用人的猎奇心理，强调娱乐性和刺激性有余，而科学内涵和教育功能往往被忽视。这就需要对科普动漫的整个流程进行规范化指导，需要建立标准来制约。如何科学规范并有效促进科普动漫产业健康发展，成为摆在支持与管理科普与动漫产业发展的相关部门面前的重要问题。

而从产业自身发展的具体情况看，目前我国科普动漫产业还面临着诸多的发展问题，主要表现为：品种单调，选题缺乏艺术吸引力，原创能力不足。这些问题之所以长期得不到解决，原因是多方面的，其中支撑产业发展的标准的缺失是重要原因之一。而要使标准发挥科学、规范的引导作用，首先要研究产业发展的整体需求，建立完整的标准体系框架，形成相互支撑、相互协调、层次明确、急缓有序的标准体系表 [1]。

二、科普动漫标准研究背景

当前，加强国家科普能力建设是建设创新型国家的一项重大战略任务，这是对我国科普工作者提出的新任务和新要求。科普动漫是融合有科学知识与文化内容的动漫产品形式，包括科普动画与科普漫画形式，根据不同的传播媒介载体可以表现为动漫、图书、报刊、电影、电视、音像制品、舞台剧以及基于现代传播技术手段的动漫新品种等动漫直接产品以及与科普动漫形象有关的服装、玩具、电子游戏等科普动漫衍生产品。2007年北京市科协举办了首届科普动漫创意大赛，初步形成科普动漫的概念，2008年首届全国科技动漫大赛的召开，使科普动漫这一概念首次被提出，媒介的扩展和技术的进步也为科普动漫的发展提供了良好的条件，在未来科普动漫产品的需求将越来越强，因此大力推进我国科普动漫产业发展是顺应我国经济发展、满足人民需求的一项重要举措。对促进社会主义先进文化和未成年人思想道德建设，推动我国动漫产业发展，培育新的经济增长点都具有重要意义。

三、研究成果及政策实施策略

本文对科普动漫产品及其标准化的相关概念体系和支撑理论做了相应的梳理和分析，明确了科普动漫的概念、界定科普动漫的内涵与外延，阐述科普动漫产业及产品的特点以及表现形式的分类，为未来的研究工作奠定切实的理论基础；通过对科普动漫标准化需求的深入分析，初步建立了由科普动漫基础标准、科普动漫技术标准和科普动漫管理标准为主体的科普动漫标准体系，在实地调研、案例分析以及国内外比较研究的基础上，详细规划了我国科普动漫产品标准体系表，对科普动漫标准体系的实施提出了相应的政策建议，从而为科普动漫产业的标准化进程提供科学的策略指导，为科普动漫产业健康有序发展提供基本的政策和制度保证。

（一）科普动漫产品标准体系实施策略分析[2]

科普动漫产品标准化将对科普动漫产品的发展产生积极深远的影响，如何提前做好准备工作，应对科普动漫产品标准化过程中出现的各种问题，是摆在科普动漫行业面前的一道难题。基于我国科普动漫的发展现状，应该做好以下几个方面的工作。

1. 营造完善的法制、体制和机制环境

按照法定程序加快制定、修订国家标准化法律、法规及配套的地方性法规和部门规章，逐步形成以国家法律法规为主体、地方法规规章为补充的标准化法规体系，为标准化工作提供法制保障。

加强政府宏观指导，完善标准化战略推进联席会议制度，整合资源，强化协调，努力形成企业主体、行业推进、部门组织、政府激励的良性工作体制。

围绕标准的制定、实施、推广应用的全过程，逐步建立与科研项目相配套的标准化研究机制以及以市场需求为引导的满足标准需求的科研支撑机制。

2. 加强宣传力度，认真学习科普动漫产品标准

科普动漫产品标准体系的建立是一项浩大的系统工程，不仅需要政府相关部门的努力，更是离不开动漫企业的大力支持和内部各部门的互相配合。因此需要向各政府部门和企业大力宣传科普产品标准体系的重要意义，灌输产品标准化的理念，取得他们的理解和支持，将其作为一项重要的工作内容。

3. 充分发挥企业在标准化过程中的主体作用

引导、推动、激发企业发挥主体作用。通过政策引导和市场准入等措施，积极推动企业有效采用国际先进标准和国外现金标准，整体提升产业的技术和管理水平，确保产品在国际市场的竞争优势。在科普动漫产业领域遴选一批标准化示范企业，发挥示范带头作用。

鼓励以企业为主体实现标准研发创新。鼓励、支持企业加大标准化工作的自我投入，建立标准化研究中心，加大自主知识产权标准研制力度，加快将技术创新成果形成拥有专利等核心技术企业标准，实现产业化。

推动企业参与国内外标准化活动，引导、扶持企业实质性参与标准研制。通过经济、法律、行政等多种手段，充分发挥企业集团、产业联盟的优势作用，鼓励企业积极承担各级标准制定、修订工作，承担国家、国际标准化组织专业技术委员会工作，参与国内外标准化交流活动。

4. 加快培育适应标准化发展需求的人才队伍

建立多层次、满足发展需求的专业人才队伍，进一步完善标准化的技术工程师资格认证制度，培养一批专业优势明显的标准化技术骨干，充实到标准化的研究、推进和服务领域。

5. 加大标准化经费投入力度，建立奖惩措施

为了实现科普动漫产业的标准化战略目标，各级政府应对标准化战略推进工作提供稳定的资金支持。拓展其他经费来源，建立标准销售、合格评定收益反馈机制，按照谁受益、谁出资的原则，引导利益相关注意负责资金筹措。

奖励创新贡献奖，对在战略标准化推行中做出突出成就的单位和个人进行奖励，进一步引导和推动技术创新和进步，调动标准化工作者的积极性和创造性，推动标准化工作持续创新发展。

（二）科普动漫产品标准体系实施政策建议[3，4]

1. 政策支持，体制松绑

一方面，要进一步深化动漫领域的体制改革，进一步推动动漫产业化、市场化、社会化进程，推动经营性文化事业单位转企改制，以充分解放生产力和挖掘科普动漫资源价值。另外，还应积极推进科普动漫领域政企分开，理顺政府与文化企事业单位的关系，探索建立政府引导、行业自律、企事业单位依法运营的文化管理体制，进一步释放科普动漫发展的巨大潜在能量。

另一方面，科普动漫的发展还需要国家各项政策的支持，如资金、奖励制度、内容审查、节目播出、媒体市场开放等。建议结合国家已经出台的"支持动漫产业发展""支持文化创意产业发展""支持高新技术产业发展"等相关政策，从中增设有关支持科普动漫发展的子项目、专项资金及奖励制度。如：设立"科普动漫"专项发展资金，为企业或个人开发原创动漫提供丰厚的资金支持；对科普动漫企业提供贷款贴息、贷款担保等信贷政策以及优惠的税收政策；鼓励社会资金投资科普动漫产业，尤其是引导风险基金和当地一些实力强的相关企业投资动漫产业；加大对科普动漫产业的奖励力度，在国家级奖励系统中增设与科普动漫相关的"科普动漫原创大奖"，促进原创性科普动漫的创作开发；搭建"科普动漫产业公共技术服务平台"，引导动漫产业基地多样化发展，帮助企业进行产业孵化、拓展海外市场，为中小型动漫企业提供技术、资金和人才支持，形成一种良性的投、融资环境，形成一种可持续的科普动漫发展氛围。

2. 完善产业链、建立盈利模式

打造科普动漫品牌，以品牌带动衍生产品的开发，形成完整的产业链，带动相关产业的发展，建立有效利益分配模式。逐步引导科普动漫产业摆脱政策依赖，形成自身发展的内生机制。鼓励民营单位，鼓励多种经济成分共同参与开发与经营，形成多主体投资、多层次开发的市场格局，促进市场繁荣和产业壮大。我国作为电视（包括尚未普及的互动电视）、手机、网络应用的大国，应充分利用新媒体，实现产业链创新，同时还要推进知识产权保护，加强规范化管理。

科普动漫产业的投入和产出应依照"创意设计—生产制作—播出放映—衍生品开发"这样一个完整的循环链，不断依靠新的创意和新的内容来制作

新的产品，完成价值链的实现。通过寻找切实可行的商业运转模式，加强产业链上的薄弱环节，使科普动漫产品在完整的链条上畅通运转，实现商业盈利，完成良好的循环体制建设。

3. 建立高端人才培养机制

促生动漫精品加强科普动漫人才培养，不但要培养专业的产品研发人才，还要注重运营管理人才的培育。人才是发展的关键，只有具备创新精神与专业知识技能的高级人才的大批量涌现，科普动漫事业方能获得长足的发展。

应采取学校与企业联合办学、国内学校与国外学校合作办学、服务贸易企业与国外动漫发包方联合培养等方式，形成国内外互动、学校与企业互动、中央与地方互动、政府和企业互动的科普动漫产业人才培训机制，加快培养出具有国际竞争力的实用型科普动漫管理、制作和市场营销人员。

科普动漫长足发展更需要科普创作名家参与，他们的参与能迅速提升科普动漫产品的水准，培养越来越多的科普动漫专业人才加入到生产创作中来。可通过提高从业人员的工资待遇，吸引更多复合型高端人才加入到科普动漫产业中来，在较深的层次和较宽的层面上储备足够的科普动漫人才。

四、研究总结

科普动漫作品是深受广大人民群众特别是未成年人喜爱的文化产品，是开拓科普创作的最具时代特征的先进工具之一。发展科普动漫产业对于推动我国动漫产业发展，培育新的经济增长点，促进社会主义先进文化和未成年人思想道德建设，满足人民群众科学知识需求都具有重要意义。

我国的科普动漫发展，已初具规模，但与发达国家相比，不论规模还是效益上都差距甚大。普遍存在的问题是立意上通常利用人的猎奇心理，强调娱乐性和刺激性有余，而科学内涵和教育功能往往被忽视。这就需要对科普动漫的整个流程进行规范化指导，需要建立标准来制约。如何科学地规范，并有效地促进科普动漫出版健康发展，成为摆在科普部门和科普动漫有关方面的重要课题。

本文通过对科普动漫作品及其标准的相关概念和理论的系统研究，揭示科普动漫特性以及其全过程特点，为未来的研究工作奠定切实的理论基础；通过对科普动漫标准的深化研究，建立由基础部分、科普动漫技术规范和科普动漫管理规范三个部分为主要内容的科普动漫标准体系，为科普产业的健康有序发展提供基本的政策和制度保证；通过实地调研、案例分析以及国内外比较研究，提出符合我国国情的科普动漫作品标准体系表。本文力图在分析当前科普动漫发展现状及问题的基础上，为科普动漫产品标准化提出建设性建议。但是由于学术水平有限，此方面的研究又属于前沿领域，可供借鉴的资料极少，资料有限，所以论文中难免存在不足之处。如论文中某些地方的论述不够深刻、透彻，有些概念的界定和提法不够严谨，驾驭文字的能力有待进一步提高等。深感遗憾的同时谨以此文做引玉之用，以待今后的进一步深入研究[5]。

参考文献

[1] 科学技术部，中共中央宣传部，国家发展和改革委员会，教育部，国防科学技术工业委员会，财政部，中国科学技术协会，中国科学院. 关于加强国家科普能力建设的若干意见 [R]. 国科发政字，2007（32）.

[2] 武丹，姚义贤. 我国科普动漫发展现状浅析 [J]. 科普研究，2011（S1）.

[3] 方薇，汤书昆. 我国科普动漫产业发展模式探析 [J]. 新闻世界，2012（06）.

[4] 龙金晶，郭晶，武丹. 中国科普动漫产业发展存在问题及对策研究 [J]. 科普研究，2010（05）.

[5] 刘金霞. 浅谈新媒体时期科普动漫的产业化发展 [J]. 中国科技奖励，2011（12）.

全民参与模式下的科普游戏
平台构建方案研究

李雅筝*

（中国科学技术大学科技传播与科技政策系　合肥　230026）

摘　要

科普游戏，作为科普和游戏融合的产物，其科普价值和市场价值越来越受到科普及游戏业界的认同。然而，科普游戏的发展现状并不乐观，其质量和数量难以满足需求。其问题在于科普游戏缺少专业的内容策划团队，且市场运营盈利模式不明朗。鉴于此，本文认为构建全民参与式科普游戏平台，实现科普游戏内容策划和技术开发双方对接，并借助平台实现科普游戏市场的拓展，使科普游戏能应用到更多领域，达到科普游戏教育意义和经济效益最大化。

关键词

科普游戏；产业现状；平台构建

Abstract

Science education game， as a fusion of science popularization and game， is widely approved for its science value and market value in the

---

* 李雅筝（1987—），河南淮阳人，中国科学技术大学传媒管理专业博士研究生，主要从事科技传播、网络新媒体、数字科普研究。

educational domain. However， its present situation is not optimistic，especially in two aspects: The professional content planning team and game development team are lacking； the market operational mode is unclear. The research holds the idea of establishing a platform for citizen voluntary participation， achieving a goal of building a docking platform between content planning team and technology developing team， as well as expanding the market of science education game.

Keywords

Science education game；Industry status quo；Platform constructi

一、研究背景

随着互联网和新媒体技术的快速发展，游戏产业已成为一个高速发展的文化产业。《2011 年中国游戏产业调查报告》指出，2011 年中国游戏市场（包括 PC 网络游戏市场、手机网络游戏市场、PC 单机游戏市场等）实际销售收入 446.1 亿元人民币，比 2010 年增长了 34.0%。其中，网页游戏市场的实际销售收入 55.4 亿元，比 2010 年增长了 32.4%。中国手机网络游戏市场实际销售收入 17.0 亿元人民币，比 2010 年增长了 86.8%。

目前，在游戏产业中，网页游戏和 SNS 社交游戏扩大了传统游戏产业的概念范畴，拓展了网络游戏市场的份额和游戏用户群体的数量。随着腾讯、百度、人人网、网易、360 等互联网企业平台的开放，为小型游戏开发商进入市场带来新的机会，使得中小游戏开发商在游戏产业中能够分得一杯羹。据悉，仅腾讯平台申请接入的互联网应用已过万款，以网页游戏为主的各类游戏接近千款。此外，随着移动媒体终端的快速发展，基于苹果 iOS 和谷歌 Android 系统下的手机和平板电脑的娱乐游戏快速崛起，成为许多中小游戏开发者创造梦想的平台。

与此同时，中国网络游戏发展陷入了同质化严重、开发门槛高、营销手段缺乏的尴尬局面，亟待寻找游戏产业创新发展的产业契机。此外，目前不少网络游戏中都有不同程度的色情暴力内容，对玩家造成负面影响。为解决网络游戏充斥色情暴力、玩家过于沉迷等问题，我国计划从 2010

年起用 5 年时间把中国网络游戏出版产业推向一个以"绿色网络游戏"为主导的全新发展阶段。可见，健康、绿色游戏将是中国网络游戏未来的发展方向。

另一方面，我国科普工作多依赖于展览、科普画廊、影视、报纸、书刊、讲座等传统形式，大都属于科普受众被动接受的形式。目前，我国科普事业出现诸多问题，如科普资源分布严重不均，全社会优质科普资源的集成和共享还不充分；科普基础设施不足，科普投入力度不够；高水平的科普创作人才严重匮乏，基层科普人员素质较低；国内科学传播专业的理论研究及人才的教育和培养还不完善 [1]；科普针对性不强，层次性差；科普缺乏时代性，科普形式缺乏创新 [2] 等。

鉴于此，《关于加强国家科普能力建设的若干意见》指出，我国科普能力建设是从政府部门为公众提供科普公共产品和服务的角度提出的，主要包括：科普创作、科技传播渠道、科学教育体系、科普工作社会组织网络、科普人才队伍以及政府科普工作宏观管理等方面的内容。在此研究背景下，探索如何运用科普游戏进行科学普及以及研究和构建科普游戏产业发展的新模式，对推动科普事业的创新发展将有积极作用。

二、科普游戏概念及特点

（一）科普游戏概念

科普游戏，是以互联网和 IT 技术为基础所创作出的以娱乐性为基本特点的数字游戏的一种。目前，国内并未明确提出科普游戏的概念，但学者刘玉花、费广正等结合科普和网络游戏的特点，提出了"科普网游"的概念。刘玉花等认为，科普网游是网络游戏（Online Game）的一种，是指以科普为目的、以互联网络为数据传输介质，参与用户可以从中获得科学知识、科学思想、科学方法和科学精神的网络游戏。[3]

笔者认为"科普游戏"的概念和形式要比"科普网游"宽泛，应包含科普网络游戏和科普单机游戏两种。科普网络游戏多基于人际交互方式，单机游戏多基于人机交互方式。因而，本文认为科普游戏，是以科普为目的，以互联网、移动存储设备（光盘）等为数据传输介质，参与者可以从中获得科学知识、科学思想、科学方法和科学精神，以培养游戏用户的知识、技能、智力、情感、态度、价值观的电子游戏。

（二）科普游戏特点

科普游戏作为科普和游戏的结合体，具有以下特点：

1. 以科普为目的，强调内容的科学性、知识性和教育性

科普游戏是以科普为目的而设计研发的游戏种类，因而科普游戏应强调其科普功能。这就要求游戏内容要具有科学性、知识性和教育性，而不能像一般游戏为充分发挥游戏娱乐性功能而随意设计（虚构）游戏内容，因而科普游戏的策划设计需要具有更多相关科普知识的专业人才。

2. 以游戏为载体，发挥游戏的趣味性、互动性和娱乐性

游戏作为人们主动参与而获得快感的消遣方式，强调其趣味娱乐性和参与互动性。科普采用游戏的形式，正是要吸收游戏的这些特性，以使科普对象能主动参与到科普游戏中，在获得游戏带来的娱乐快感的同时，潜移默化地获得科普教育。因而科普游戏要注重游戏载体本身特性的发挥，真正做到寓教于乐。这就要求科普游戏的设计开发需要有专业的游戏研发人员的参与。

3. 以数字媒介为渠道，便于传输、扩散和管理

科普游戏是一种承载特殊内容的电子游戏，可通过互联网传输（在线游戏、在线下载）、数字光盘传输等数字内容传播渠道传输扩散，并可通过计算机技术进行加密、远程控制等数字内容管理方式。因而科普游戏较传统的科普展教品有更广泛的受众面，更科学精确的管理模式。

三、科普游戏产业现状和问题

（一）产业现状

在国内，游戏可作为科普内容载体早已被科普业界所认同，但国内鲜有质量优秀的科普游戏。目前，国内一些科普网站上相继推出了一些科普小游戏，如中国科普博览网、中国数字科技馆和中国香港科技馆的网站。但这些游戏的内容质量和趣味性很难满足玩家对游戏趣味性的需求，即这些游戏的内容策划和游戏性设计不尽如人意。此外，国内大型的科普网络游戏还很少。为迎接上海世博会，国内推出了"青少年玩世博"的网络在线游戏，包括由腾讯公司合作研发的百年世博知识大富翁游戏。从游戏设计来看，虽是在线游戏，但游戏内容策划、参与性和互动性远逊于商业网游，因而很难达到吸引玩家，打造沉浸式体验的目的。

科普业界普遍认同的一款由香港中文大学信息科技教育促进中心研发的网络游戏——"农场狂想曲"，较好地利用游戏形式让学生综合学习及应用地理，经济，生物及科技的知识，培养学生解难，批判性思考及合作能力等高阶思维技巧和自主学习及终身学习的习惯[①]。但该款游戏仅在中国香港地区的部分中小学进行推广，受众的规模不大。

此外，国内在研究科普教育类游戏时总会提及的"摩尔庄园"，虽获得了文化部政策扶植[②]，但就其游戏内容来看，只能算益智类儿童社交游戏，远未能达到科普游戏的概念标准。总体来说，国内科普游戏的现状并不乐观。

（二）问题及对策

可以说，在中国网络游戏竞争激烈，游戏产业已处"红海"局面，文化部有意发展绿色游戏的游戏发展导向情况下，国内科普游戏产业在未来定大有可为。但与之不相适应的是，国内的科普游戏数量规模太小、内容质量欠佳、研发技术落后（多以 flash 游戏为主）、缺乏专业团队，整体情况不容乐观。

究其根源，国内科普游戏的问题症结在于科普游戏缺少专业的内容策划团队，难以策划出满足科普游戏对科学性、知识性和教育性要求的科普游戏策划方案；科普游戏市场运营盈利模式不明朗，专业游戏研发公司不愿投资科普游戏市场。这就使得有科普内容策划能力的人员(科学家、专业领域人士)，即使有创意方案却难以找到专业技术团队进行科普游戏开发，有游戏开发能力的游戏团队缺少具有创意的科普游戏策划方案，而能够得以实现的科普游戏又难以找到市场运营的渠道，很难收回成本。

因而，如何能有效地使具有科普游戏内容策划的团队和有游戏开发技术的团队进行对接，并在政策引导下，开拓科普游戏的市场，使更多游戏研发

---

① 有关"农村狂想曲"游戏的信息，可查询其官方网站 http://www.farmtasia.com/main.php.
② 具体内容请查阅题为《文化部新政预示儿童社交游戏将获政策扶持》的报道，可访问如下链接：http://it.sohu.com/20100602/n272513606.shtml，[2010-06-02].

团队看到科普游戏的市场效益，是未来科普游戏产业发展亟待解决的问题。

鉴于此，本文认为应借鉴平台经济学理论，构建全民参与式科普游戏平台，实现科普游戏内容策划和技术团队的对接，促使科普游戏得以顺利研发，并借助平台实现科普游戏市场的拓展，达到科普游戏科普教育意义和市场经济效益的最大化。

四、科普游戏网络平台构建

（一）平台概述

本文认为，构建全民参与式的科普游戏平台，应包括如何在科普游戏策划和科普游戏研发之间架起桥梁；如何联合科普游戏需求机构和产业，以最大化实现科普游戏的市场价值和社会价值；如何为科普受众提供全面的科普游戏资讯和科普游戏体验、下载、资讯交流、反馈、管理等专业服务平台。因而，本文认为科普游戏平台应包括如下平台模块：科普游戏创意对接平台、科普游戏营销对接平台、在线体验科普游戏、科普游戏下载、科普游戏论坛。

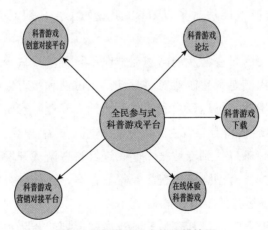

图1 科普游戏平台构建模块图

（二）平台运作模式

1. 科普游戏创意对接平台

该平台模块是一个科普游戏研发公司和草根科普游戏方案策划人员的对

接平台，是全民参与科普游戏研发模式的具体体现。本意是发动全面进行科普产品的研发，即所有网民用户均可参与科普游戏策划，可在创意平台提交策划方案，方案在经过游戏开发商采纳后，策划人员可获得报酬。游戏研发公司如有意研发一款科普游戏，也可在平台以任务招募的方式发布策划需求，以威客（Witkey）经济模式，推动科普游戏策划方案的创作活动，既可以发挥全民智慧，使科普游戏满足对科学性、知识性的需求，又可降低游戏研发公司的研发成本。

在创意平台运营中，平台可向草根策划人员收取部分方案发布费用，以减少随意发布者造成的信息冗余，而对接成功后平台将向游戏策划方收取交易费用。研发后的产品也可在平台进行投放交易。

图2　科普游戏创意对接平台

科普游戏创意对接平台，能够使专业（草根）科普团队、专业（草根）游戏开发团队在 Witkey 经济模式下互利互惠，共同促进科普游戏创意策划、后期技术研发的全民参与式蓬勃发展，为科普游戏产业提供大数量、高质量的科普游戏。

2. 科普游戏营销对接平台

科普游戏研发公司与科普游戏需求方的资源对接平台，即研发公司可将自主研发的科普游戏放在平台上，任科普游戏需求方选择购买；需求单位也可根据自己的需求，发布对某类科普游戏的需求项目书，游戏研发公司可参与项目竞标，以实现需求单位与游戏研发公司的项目对接，进行科普游戏的研发合作和产品教育。在对接中，网站可收取一定佣金费用。

需求方可包括：科协等科普单位机构，科技馆、博物馆等科普场馆，教育培训机构，图书出版发行机构，普通用户等。如满足科协等科普单位在社区科普、网络科普中使用科普游戏的需求；以在中小学教材中配备与该课程内容相关的科普游戏光盘的方式，满足教育行业对科普游戏的需求等。

科普游戏营销对接平台，是借鉴电子商务的运营模式，使科普游戏供给方和需求方能实现对接，降低交易成本。平台通过不同需求方的参与，可以帮助拓展科普游戏的应用市场，以解决科普游戏产业市场应用领域、盈利模式等不明朗的问题，从而刺激更多的游戏开发团队在看到科普游戏的市场巨大经济价值后，积极投资科普游戏市场，开发出高质量的科普游戏产品。当科普游戏提供方能提供更多科普游戏产品时，同样会刺激更多潜在的科普游戏需求方采用科普游戏进行科普、教育、培训等活动。科普游戏营销对接平台的建立，能使供需双方相互刺激，从而推动科普游戏产业的健康发展。

图3　科普游戏营销对接平台

3. 在线体验科普游戏

用户可在线免费玩平台上的部分科普游戏，或可体验玩某款游戏的一部分，并可通过支付一定费用继续游戏体验。

在线游戏来源包括：自主研发、其他科普游戏创作团队产品、用户自己上传的科普游戏。

服务盈利：通过点击量和下载量对广告收入、下载收费等收入进行分成。

管理模式：免费对青少年开放注册，注册采取实名制，需要家长身份证。同时出售管控服务，家长可以花十元购买"健康游戏"包月套餐，购买套餐的家长可以实现对孩子游戏登录信息的实时掌握，帮助孩子培养健康的游戏习惯。

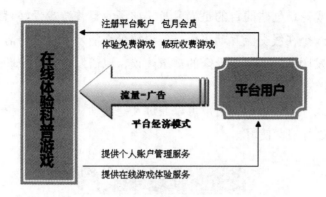

图4 在线体验科普游戏服务平台

4. 科普游戏下载

平台可以以维基经济的模式集成众多游戏公司研发、用户自主上传的科普游戏，供平台用户选择。用户可将某些科普游戏下载到PC、手机、平板电脑等游戏终端。部分游戏可以是免费，精品游戏要进行下载收费。如单机版科普游戏可通过平台进行免费发布，消费者可以下载进行初期体验，体验到一定阶段之后，需要到平台购买游戏激活码以激活更多游戏内容。

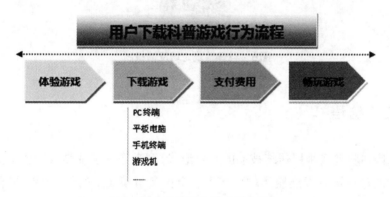

图5 用户下载科普游戏行为图示

5. 科普游戏论坛

全民参与式科普游戏平台的全民参与性不仅体现在科普游戏的策划研发上，亦体现在游戏最终用户对游戏体验的反馈上，只有科普游戏受众、策划、研发等科普游戏科普主体的共同参与才能研发出更多高质量的、能满足受众需求和市场化需求的科普游戏。

　　科普游戏论坛创建的目的是为家长、孩子、科普游戏爱好者、科普机构等人员提供一个在线交流互动平台，使科普受众能发出自己的需求声音，为科普游戏研发团队提供来自受众的需求建议，以研发出更具市场价值和科普社会价值的游戏产品。

　　管理模式：在论坛中，用户可以通过某些活动获得积分，积分可以在平台其他模块进行消费使用。

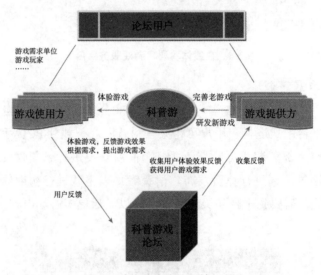

图6　科普游戏论坛反馈机制

五、结语

　　在国内科普多采用传统被动的科普形式，科普事业多依靠政府资金支持。科普游戏产业面临发展瓶颈的现状下，全民参与模式下的科普游戏平台既能满足科普游戏创作研发的需求，又能实现科普游戏的市场化运作，摆脱依靠政府支持的窘境。科普游戏平台的构建和规范创新运营，将能使科普主体部门、科普游戏策划者、科普需求方、专业游戏研发方、科普受众等拥有一个自主、开发、健康的平台，实现科普游戏产业市场的良性扩张和可持续发展，为我国科普事业带来新的活力。

参考文献

[1] 莫扬 . 我国高校科技传播专业建设现状分析及建议 [J]. 科普研究，2006，
    02:31-35.

[2] 李成芳 . 我国科普工作存在问题的原因分析及对策研究 [D]. 武汉：武汉科
    技大学，2003.

[3] 刘玉花，费广正，姜珂 . 科普网游及其产业发展研究 [J]. 科普研究，
    2011，06:34-38.

信息化条件下报纸科普的
创新方式和途径研究

周荣庭* 李雅筝**

（中国科学技术大学科技传播与科技政策系　合肥　230026）

摘　要

随着互联网新媒体的快速发展，公众获取科技信息的渠道和对科普内容形式的需求发生了重大变化，传统的报纸科普内容表现形式已难以满足公众的需求。本文基于传统报业加速转型的大背景，通过案例研究分析了报纸科普如何利用信息化手段进行科普内容和表现形式的创新，以期能对新媒体时代下报纸科普的创新实践有所帮助。

关键词

报纸；科普；新媒体；信息化；创新

Abstract

With the rapid development of new Media， great changes have taken place in the channels of getting the science and technology information， and

---

* 周荣庭（1969—），浙江东阳人，中国科学技术大学科技传播与科技政策系教授、系主任，主要从事科技传播、科普新媒体、教育新媒体、公益新媒体研究。

** 李雅筝（1987—），河南淮阳人，中国科学技术大学传媒管理专业博士研究生，主要从事科技传播、网络新媒体、数字科普研究。

the demand for content and form of science popularization. The newspaper as traditional form of science popularization have been difficult to meet the needs of the public. Based on the big background of the traditional newspaper industry to accelerate the transformation and through the case study methods，this paper did a study on how to use the information technology means to innovate the content and form of newspaper science communication，in order to provide a few help to innovation practice of newspaper science popularization.

Keywords

Newspaper；Science Popularization；New Media；Informatization

一、引言

长期以来，大众传媒都是面向公众进行科学普及的最主要渠道和手段，而报纸作为四大传统媒体之一，为我国的科学普及做出了重要贡献。据有关资料显示，我国共有科技报社近 70 家，且中央级报纸和地方性报纸也多开设有科普栏目，可见我国报纸媒体科普阵容强大。然而，近些年来，随着报业市场化竞争日趋激烈，一些综合性报纸出现了"科普失语"的现象。[1] 主要表现为科技新闻或科普内容所占比率偏低，科普内容偏于说教，单一枯燥，难以吸引读者。此外，在互联网新媒体时代，公众获取科技信息的渠道和对科普内容形式的需求发生了重大变化，传统的报纸科普内容表现形式已难以满足公众的需求。

在互联网新媒体快速发展和传统报业加速转型的大背景下，报纸科普如何利用信息化手段进行科普内容和表现形式的创新，对继续发挥报纸科学普及的重要作用极为关键。

（一）信息化条件下传统报纸的发展趋势

报纸是利用文字、图片作为传播载体的传统媒体，在互联网快速发展的今天，网络的全媒体、互动性等传播特点，势必会给缺乏互动性的报纸带来巨大的冲击。此外，由于智能手机、电子纸阅读器等移动设备的快速普及，报纸的便捷性优势也不复存在。在此背景下，国内外学者认为报纸的未来发展态势并不乐观。在信息化条件下，报纸只有走"报网融合"的发展模式，采取更多的全媒体技术变革，实现新媒体转型，才能够在网络的冲击下寻求一线生机。

在信息化条件下，传统纸质媒介为应对新媒体快速发展的挑战，需要与新媒体进行全方位的融合，其发展趋势之一是进行"报业全媒体"转型。在内容制作层面，全媒体记者和编辑能够通过多种媒体内容素材形式的采编进行内容融合，突破纸媒图文的局限；在内容发布层面，通过纸媒互联网平台、新闻客户端APP、微博、微信等新媒体渠道进行内容的全网络发布，突破内容纸质出版渠道发布的瓶颈，实现"报网融合"的转型。

在传统报业进行新媒体转型的大背景下，报纸科普应紧跟报纸的新媒体转型脚步，并进行能适应"报业全媒体"传播模式的科普内容创作实践，才能够充分利用信息化手段实现报纸科普传播渠道和内容的创新。

（二）信息化条件下传统报纸的创新形式

1. "报网融合"推动新媒体转型

在互联网快速发展的趋势下，报网融合趋势正在加速进行中，各大报业集团都已构建了自己的网络平台。其中较为成功的有《人民日报》与人民网的融合，《南方都市报》与南都网的融合。此外，通过新媒体渠道，开发新闻客户端，构建新媒体传播渠道，也是传统纸媒使用新媒体时代的重要举措（图1）。如今，iPad报纸、移动APP、官方微博、微信等新媒体渠道在报纸行业都得到了较为充分的应用，借助视频、音频、动画等多媒体表达手段，在纸质内容上做出更多加法，实现传统纸媒的全媒体转型，推动了报业与新媒体的融合转型。

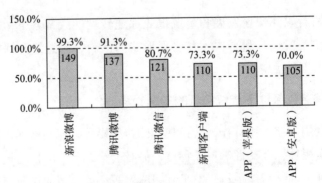

图1 150家报纸各移动平台开通数量及比率[2]

据人民网研究院于 2014 年 2 月发布的《2013 中国报刊移动传播指数报告》显示，人民日报、新京报、南方都市报位列前三强，经济观察报、南方周末、广州日报、每日经济新闻、扬子晚报、潇湘晨报、华西都市报排名进入前十。都市类报纸有 68 家上榜，成为报纸移动传播转型的主力军（图 2）。行业专业类报纸占我国报纸总数近半。

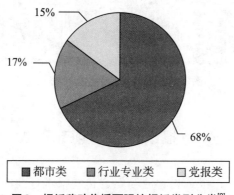

图2 报纸移动传播百强按报纸类型分类[2]

从报告数据来看，微博、微信、新闻客户端、移动设备 APP 等是报业与新媒体融合的主要选择。从微博、微信的传播情况来看，地方报纸（晨报、日报、都市报）等的使用情况和传播能力相对较强。

2. 传统报纸内容表现形式的创新

纸质版报纸受信息技术发展的影响，也有一些创新的举措。从内容呈现形式上，为适应微博等新媒体传播趋势对受众阅读习惯的影响，《21 世纪经济报道》在标题制作和字数限制上都有所尝试，比如头版导读字数不会超过140 个字。随着读图时代的到来，《21 世纪经济报道》还要求主要文章都有比较好的配图或图表，以适应读者的阅读习惯。

受大数据的影响，可视化新闻、数据新闻等新的新闻内容呈现形式也在国内外一些传统报纸中得以应用。此外，受 3D 技术发展和普及的影响，国内外都出现了 3D 报纸的尝试案例，如 2010 年比利的《最后一点钟报》3D 版报纸，《华尔街日报》纽约地区专版《大纽约》等，国内的长沙晚报、扬子晚报等也曾尝试推出 3D 报纸（图 3）。

图3 《长沙晚报》推出的3D报纸

三、信息化条件下报纸科普的创新形式

在信息化条件下，报纸科普应当结合传统报纸行业的报网融合、报纸新媒体融合发展趋势，推动报纸科普进行信息化的创新发展。

信息化条件下报纸科普的创新途径，应当从以下几方面入手：

1. 内容方面的信息化创新

从报纸行业的内容方面的创新方式来看，报纸中的科普内容应结合信息化时代人们的阅读习惯进行内容创新，比如在科技报道中尝试采用更多的科技图片、信息图、漫画等素材，通过科学可视化呈现（数据科技新闻、3D科技报道等）等方式，吸引更多的读者对科技报道的关注；在报纸科普专栏中，多尝试选择一些与受众日常生活、工作相关的选题等。

2. 传播途径方面的信息化创新

在报业进行报网融合，报纸与新媒体融合的趋势下，科技类报纸应紧跟报业发展时代潮流，通过互联网平台、新闻客户端、移动APP、微博、微信等信息化的传播途径，进行科学普及的信息化条件下的传播。

此外，应充分发挥地方报纸的科普功能，借助地方报纸信息化条件下转型创新的优势，做好服务于地方公众的科学普及工作。

3. 全媒体融合发展的创新

在全媒体时代，应当通过报纸内容采编的全媒体技术，整合多元化的科普内容形式，采编能够适合多种媒体渠道的科普内容，从而实现多媒体渠道的创新融合，扩大科学普及内容的传播影响力。

四、信息化条件下报纸科普的融合创新案例

在信息化条件下，报纸科普的融合创新极为重要。在这一方面，国内报纸科普具有创新借鉴和推广意义的案例，要数杭州报业集团下《都市快报》开设的"好奇实验室"科普栏目。

"好奇实验室"是由都市快报社和杭州市科协联合创办的一档科普栏目。该栏目形式新颖，通过动手做实验帮读者和观众求证和解答日常生活中的种种问题。采用实验验证的方法，把原本枯燥刻板的科普内容，通过新颖的实验过程呈现，能够使受众在轻松的氛围中了解相关知识，感受科学实验的严谨性，可谓实现了向普通大众普及科学技术知识，倡导科学方法，传播科学思想的科学普及目的。此外，该栏目还与高校等科研机构紧密合作，依托院校的科研实力，通过专家严谨的实验验证和科学解读，保证了实验过程和结论的可靠性。根据 2011 年 6 月尼尔森的调查数据显示，"好奇实验室"在"快报时间"的观众好感度排名前三，好感度达到 83.1%。[3]

"好奇实验室"的科普创新体现在以下几方面：

1. 内容形式的创新

"好奇实验室"在选题和内容表现形式上都具有一定的吸引力，通过实验验证来普及与健康、生活等相关的知识。"好奇实验室"不是定位于仅仅"转述"科学家的知识，而是在传播知识的同时，通过给公众提供加工过的信息，促进公众对某些学科、技术、理论和观点的特别关注，为公众设置讨论的议题，引导社会公众的思考。此外，从选题方面还实现了报纸与公众的结合，使公众能够参与对科技发展与应用问题的讨论，利用"筛选"和"加工"科技信息，而影响科技传播（图 4）。

2. 多媒联动创新：报纸 + 电视 + 网络

"好奇实验室"在内容传播渠道实现了多媒体的融合。该栏目的制作团队是全媒体时代下的全媒体记者和编辑，在实验过程中不仅能采编实验过程的图文，还可以全程采编实验过程视频。其中采编的图文内容通过都市快报进行传播，采编的视频则通过电视、网络等媒体渠道进行传播，从而实现了多媒联动的创新传播途径。

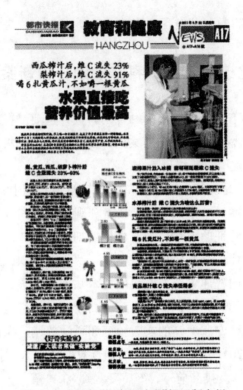

图4　都市快报"好奇实验室"报纸版专栏

"好奇实验室"栏目除在《都市快报》的科普专栏推出外，还基于4位全媒体记者组成的实验组采用多机位拍摄的实验全过程影像素材，剪辑成微视频，在华数0频道的《快报时间》（电视媒体），快豹宽频（自有网络媒体）播出，并通过"好奇实验室"栏目的微博、微信等公共账号推送图文和视频多形式的栏目内容。新兴媒体的联动，既保证了节目的时效性，又拓展了受众面，丰富了栏目内容传播的渠道形式。

在网络传播方面，好奇实验室栏目制作的实验验证视频，通过优酷、搜狐视频等多个网络视频平台进行推广，实现了科普栏目内容的互联网再次传播，实现了对互联网用户传播的覆盖，提升了栏目的受众面和公众影响力。仅优酷网"好奇实验室"专辑便有148个视频，总播放量达到了93069446万，集均播放量超过了62.8万次。①

---

① 好奇实验室优酷专辑 .http://www.youku.com/show_page/id_zcab27e28fe4e11e2b8b7.html. 数据采集时间：2014-05-05-23:32:00.

总的来看，都市快报的好奇实验室栏目从内容选题、表现形式、传播渠道、与受众互动等方面都具有一定创新性。作为一份地方性报纸，都市快报充分发挥了报业全媒体的优势，实现了科普栏目内容的多层面创新，具有重要的借鉴意义。目前，全国地方性报纸有上千种，如果都能够充分发挥报社内容采编和生产的优势，开设类似的科普栏目，实现科普内容信息化、数字化的创新转型，对提高地方性报纸面向公众的区域性科学普及能力必将有所帮助。

五、报纸科普的信息化创新发展建议

报纸作为科学普及的重要渠道，在信息化条件下只有通过内容、形式和传播渠道的创新，才能够吸引需求日益变化的受众。基于以上研究认为，信息化条件下报纸科普应创新科普内容表现形式、整合全媒体传播渠道、增强与受众的互动，从而提升报纸科普内容的质量，提高报纸科普内容的受众面，扩大报纸科普的影响力。

在创新科普内容表现形式方面，科技报道类内容可采用科技成果可视化、科技信息图、科普漫画、3D 科普内容等形式进行创新，以提升科技报道的可读性；综合类报纸的科普专栏可采取创作服务公众生活的科学实验、科普小说等题材的科普内容，以提升读者对科普内容的兴趣。

在整合全媒体传播渠道方面，具有科普内容的报纸应通过实验移动APP、微信、微博等新媒体传播渠道来进行科普内容的推送，从而适应新媒体时代公众信息获取媒介的变化趋势。此外，报纸科普应充分发挥报社具有内容创作能力的优势，将图文科普内容进行新媒体表现形式内容的再创作，通过电视媒体、网络电台、视频网站等传播所创作的新媒体形式的科普内容。

在增强与受众的互动方面，应加强通过新媒体渠道获取公众对科普内容的需求反馈，有针对性地进行科普内容的创作，并通过多元化的互动渠道进行科普内容的推广。

参考文献

[1] 李耿源. 综合类报纸怎么办好科普专栏 [N]. 大众科技报，2012-04-10（006）.

[2] 向移动化转型已成趋势——人民网发布《2013中国报刊移动传播指数报告》[J]. 中国报业，2014，05:47.

[3] 都市快报《好奇实验室》[EB/OL]. http://z.hangzhou.com.cn/content/2011-10/13/content_3914853.htm.

信息化条件下传统科普图书的
七种发展路径

方可人*　周荣庭**

（中国科学技术大学　合肥　230026）

摘　要

　　本文探讨了作为传统科普载体的科普图书，如何在信息化条件下，基于新的技术运用和新的传播样式进行创新探索。以传统科普图书为探索原点，按照传播渠道、传播介质以及传播模式作为分析维度，构建了信息化条件下传统科普图书创新的立体分析图示，指出在如今媒介融合的环境下，传统科普图书存在七种发展路径。

关键词

　　科普；图书；信息化

Abstract

　　The article tries to discuss the innovation of popular science book under the environment of information through using new technology and communication methods. For this，We design and construct an analysis of diagram，including

---

* 方可人（1990—），安徽巢湖人，中国科学技术大学传媒管理博士，研究方向为科学传播。

** 周荣庭（1969—），浙江东阳人，中国科学技术大学科技传播与科技政策系主任，博士，教授，研究方向为科学传播。

three dimensions of communication channels， communication medias and communication mode. We think there are seven paths can be followed for developing traditional popular science book.

Keywords

Popular Science；Book；Informatization

随着信息技术的发展，人们获取科普信息的渠道以及科普体验的方式逐渐多元，一方面，随着互联网、移动互联网的普及，越来越多的公众通过电脑、手机、平板设备等终端来接收科普咨询、相互探讨和参与线上科普活动。另一方面，新媒体的应用层出不穷，科普影视、科普动漫、科普游戏等为人们学习科学知识、认识科学方式、领会科学思想、感受科学精神提供新鲜有趣的多感官体验。

显然，这些新变化对以图文为主要介质、缺乏互动反馈的传统科普图书构成巨大挑战，作为重要科普方式的传统科普图书，如何利用新的技术运用以及新的传播样式进行相应的创新探索，以满足信息化环境下公众信息化诉求的变化趋势，包括满足多元化的互动体验、参与式的文化样式以及集体性的智慧。基于此，本文以传统科普图书为探索原点，按照传播渠道、传播介质以及传播模式作为分析维度，尝试构建信息化条件下传统科普图书创新的立体分析图示。对技术植入方式、媒介互动模式进行思考，结合现有先进案例和创新理念，对信息化条件下传统科普图书发展路径进行探索。

一、分析框架与思路

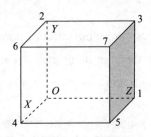

图1 信息化条件下的传统科普图书创新模式图

本文中传统科普图书被视作探索原点，传统科普图书所传播内容被视作一个统一的描述对象，按照传播渠道（X轴）、传统介质（Y轴）以及传播模式（Z轴）三个维度进行分析，传统科普图书表现为单一传播渠道（仅以纸质图书作为渠道）、单一传播介质（仅以图文作为介质）以及单一叙述模式（不与其他媒介进行互动）。而传统科普图书的创新目标应该是从单一传播渠道向多元传播渠道转变（跨出纸质介质）、从单一传播介质向多元传播介质（增加感官体验）、从单一叙述方式向多元叙述模式（与其他媒介开展互动）。按照从单个维度以及两两维度交叉来看，"信息化条件下的传统科普图书创新"可以被视作一个三维立体的概念范畴，如图1所示。而除原点之外的七个点则是理想化状态下的七种发展路径，如表1所示。

表1　信息化条件下的传统科普图书创新路径表

发展路径	表现特征
1	单一传播渠道、单一传播介质、多元叙述模式
2	单一传播渠道、多元传播介质、单一叙述模式
3	单一传播渠道、多元传播介质、多元叙述模式
4	多元传播渠道、单一传播介质、单一叙述模式
5	多元传播渠道、单一传播介质、多元叙述模式
6	多元传播渠道、多元传播介质、单一叙述模式
7	多元传播渠道、多元传播介质、多元叙述模式

二、发展路径描述以及案例探讨

1. 模式一：科学可视化在科普图书上的应用

模式一体现为以传统图书为渠道、图文介质和存在媒介互动。这表现为通过科学可视化方式加强图书中抽象科学内容的理解。1982年美国国家科学基金会在华盛顿召开了科学可视化技术的首次会议，会议认为"科学家不仅需要分析由计算机得出的计算数据，而且需要了解在计算过程中的数据变换，而这些都需要借助于计算机图形学以及图像处理技术"。美国计算机科学家布鲁斯·麦考梅克在其1987年关于科学可视化的定义之中，首次阐述了科学可视化的目标和范围："利用计算机图形学来创建视觉图像，帮助人们理解科学技术概念或结果的那些错综复杂而又往往规模庞大的数字表现形式。"

读图时代的来临使得我们阅读行为和习惯产生改变，人们越来越依赖于图像帮助自己记忆和理解文字内容。而随着计算机技术的发展，图像设计越来越便捷，图像表达也越来越丰富。结合科学可视化创造出不仅能够解读科学原理同时兼具人文色彩的科学图形、图像。所以可对已有的以文字为主的科普（或科技）图书进行改编，出版更具阅读趣味的以图为主的"辅助性""解读性"图书，从而增加科普传播效果。

2. 模式二：三维立体眼镜、点读、胶片等技术在科普图书上的应用

模式二体现为以传统图书为渠道、图文音像为介质、不与其他媒介互动。这表现为利用三维立体眼镜、点读技术、胶片技术生产出的科普图书。

例如科普出版社 2013 年出版的《有趣的透视立体书》，利用三维立体眼镜、点读技术等高科技手段，将传统少儿科普图书以玩具书与书玩具、三维立体、音频影像、游戏动漫互动图书等创新形式出版。而科普出版社出版的《有趣的透视立体书》系列通过立体模切技术，将蝙蝠、狗等各种动物体内各系统生动地展现在读者面前；此外，《有趣的建筑拼图》《立体科普绘本游戏》《昆虫成长故事套盒绘本游戏》等一系列玩具书，也将在 2013 年作为重点图书推出。

例如 "第一次发现丛书"，其是法国国宝级科普启蒙胶片书，自 1989 年至今总计已经出版 200 余种，被翻译成 28 种语言，畅销国际 20 余年，获得过多项国际大奖。其中文简体版由法国伽利玛少儿出版社授权接力出版社出版，分为透视眼系列、手电筒系列和放大镜系列。这本书特别之处在于穿插在彩色内页之间的胶片页与黑色页面。读者从书内抽出模切好的纸片手电筒，插放于胶片页与黑页之间。随着孩子的搜寻与移动，纸片手电筒最前端覆膜了的白色区域有如黑夜里的手电光束，让胶片页上印好的内容呈现出来。例如，系列中《神奇肖像》一书中的春神、夏神等人物肖像由花朵、蔬果等组成，孩子把手电筒放入，就能看到其中的细节，发现其中的玄机。

3. 模式三：增强现实技术在科普图书上的应用

模式三表现为以传统图书为渠道、视听声响为介质，存在与其他媒介互动。这主要体现为增强现实技术在科普图书上的应用。增强现实技术（Augmented Reality Technique，ART），是在虚拟现实基础上发展起来的新技术，是通过计算机系统提供的信息增加用户对现实世界感知的技术，并将计算机生成的

虚拟物体、场景或系统提示信息叠加到真实场景中，从而实现对现实的"增强"。它将计算机生成的虚拟物体或关于真实物体的非几何信息叠加到真实世界的场景之上，实现了对真实世界的增强。同时，由于用于与真实世界的联系并未被切断，交互方式也就显得更加自然。

例如科普出版社于 2012 年推出的《有趣的 3D 立体书》系列图书，通过计算机下载软件、用手机、电脑或者平板摄像头拍摄图书对页后，3D 立体影像即可呈现在读者面前。此外，一些应用于文学类图书的增强现实应用也值得科普领域关注，例如，2012 年索尼 PlayStation3 家用游戏主机发布了增强现实外接设备——玩具图书 "Wonderbook"，用户通过 PlayStation Move 动作控制器创建与操纵数字画面，并以此达到与图书互动的效果。所有的动作都由 PlayStation Eye 摄像头记录并识别，你与 Wonderbook 互动的效果将同时显示在电视屏幕上。例如，当你挥手时，Move 就会将其转换成一个围绕图书的神奇效果，就像使用法术让龙复生这样。正如其他增强现实技术中所采用道具一样，Wonderbook 是一个用于即时构建场景的 "Marker"，游戏系统通过摄像头读取并分析出虚拟内容应该出现的位置，然后再显示对应的内容。

Wonderbook 目前以娱乐为目的，他们与《哈利·波特》作者 J.K.Rowling 合作开发了以哈利·波特故事为背景的游戏，在游戏中教授玩家 20 种口语和使用魔法决斗的艺术。不过索尼的这种新技术很可能会开辟科普教育的新领域，尤其是利用流行文化元素创造寓教于乐的流行科普游戏。

4. 模式四：原版原式电子科普图书

模式四表现为可通过多种渠道获取叙述内容、图文介质以及缺乏媒介互动。这主要体现为将传统的科普图书数字化，转变为电脑、手机、平板等数字终端上可以阅读的文件格式，例如 PDF、SWF、HTML 等，这通常被称为原版原式电子书，也是目前传统科普图书信息化最常见的做法。

除了通过在线书店提供电子科普图书在线阅读下载或者设计 APP 应用等常规做法。这一模式中，笔者还想强调目前在教育领域引起热议的教育终端——电子书包。电子书包意是利用信息化设备，如笔记型计算机（Notebook），个人数字助理（PDA）、WAP 手机进行教学的便携式终端。目前中国国内大部分地区尚且处于试验阶段，2012 年在一些大城市中已经率先在部分中小学进行尝试。

电子书包可以利用云计算技术，聚合海量的科普资源，为位于终端的学生提供丰富的科普图书内容，并且可对学生的阅读活动进行跟踪和数据分析，为其提供定制化的学习服务。如上海虹口区教育局在推进信息化教育中，对其辖内18所学校进行了"电子书包"试验。内容覆盖语文、数学、英语、化学、科学、地理等10门学科，覆盖幼、小、初、高各个学段，提供师生统一完整的数字化学习环境，提高了现有教学的有效性。电子书包是原版原式电子科普图书值得关注的载体方式。

5. 模式五：与纸质科普图书内容互补的网上图文科普信息

模式五表现为以多种渠道获取叙述内容、图文介质以及存在媒介互动。这主要体现在与纸质科普图书内容互补的网上图文科普信息。

以2011年由科学松鼠会创作的科普图书《冷浪漫》为例，目前已经跻身畅销书行列，该书标榜以"科学＋幽默＋感性"，精选科学松鼠会多位作者的作品，包括色、爱、和、美、宅、洒脱、新生、艺术8个主题。在每一章中，各位松鼠们从物理、化学、生物、信息技术、音乐等不同的学科视角出发，用专业化的知识、通俗化的语言对主题展开了别开生面的诠释，从颜色的味道到基因与爱情的关系，从护肤品、保健品中隐藏的秘密到寒武纪"生命大爆发"等。用流行的网络语言，用浪漫文艺基调，阐述原本严肃的科学内容。

而在科学松鼠会的果壳网站上，网友可以查找到"文艺科学""微科幻""谣言粉碎机""死理性派""美丽也是技术活"等主题的科学图文内容。很多内容是结合时下的流行文化、热点事件进行科学内容挖掘。可以说《冷浪漫》其实是果壳网的科普风格的一贯延续，但《冷浪漫》的内容却并不出现在果壳网上，是属于纸质读者的"独享内容"。同时《冷浪漫》的读者如果想获取更多有趣的科普内容，也可以登录果壳网站观看图文信息。

6. 模式六：畅销科普图书改编影视作品或畅销影视作品改编为科普图书

模式六体现为以多种渠道获取叙述内容、图文音像介质、不存在媒介互动。这表现为畅销科普图书改编影视作品或畅销影视作品改编为科普图书。

在基于原始出版物所获得的知名度以及社会影响，将原始出版物叙述内容用其他形式的媒介载体加以改编发布，已经是屡见不鲜的做法。例如长期盘踞畅销科普图书书榜首位的《时间简史》改编成为纪录片《霍金的宇宙》，用更加具象和直观的方式向受众呈现出霍金对于宇宙的理解，该纪录片从 1997 上映至今依然受到人们的欢迎。而上海科技馆拍摄制作的纪录片《中国大鲵》，在先后获得 2010 年度科技创新奖科普（影视类）一等奖、2010 年度中国优秀纪录片"短片十佳"作品等 8 个奖项后，已经获得一定的社会认知度，继而推出了《中国大鲵》的纸质图书，目前在各大网络书店均有发售。

7. 模式七：在超媒介叙述中作为有机组成部分的纸质图书

原麻省理工大学新媒体实验室主任 Henry Jenkins 于 2003 首次提出超媒介叙述（transmedia storytelling）的概念，他认为超媒介叙述是基于当下传播碎片化环境，利用人们多媒介获取和发布信息的传播行为，将叙事内容系统性拆解并通过多元传播媒介发布出去。理想状态下，每个媒介都在发布信息中承担独一无二的作用。原本完整的元叙述结构分散为多个独立的故事碎片，用渗透的方式与受众保持持续性接触，一方面调动受众对搜索其他故事内容的兴趣，同时激起受众对故事碎片间隙空间的想象和艺术创作。Jenkins 认为采用超媒介叙述方式的游戏具有文化吸引因素和文化催化因素结合的特性，前者聚集了高度投入的受众，而后者让受众有事情可做。

例如在美剧《迷失》、电影《黑客帝国》间隙采用动画书、小说来补充故事空间和丰满配角形象。这些动画书、小说依附于影视作品内容的不仅是电影明星和模式化的视觉图谱，更在于其确定性的故事基调和叙事范式。虽然动漫书与电视剧为同一故事背景下的互动性文本，但没有看过电视剧的受众依然可以阅读和理解动漫故事。

在科普领域，由淘米与北京磨铁图书小科学家培养研究组共同开发的首套科普图书《赛尔号疯狂实验室》于 2012 年全国各大书店上市。该系列图书是由北京磨铁图书小科学家培养研究组研发的爆笑科普系列故事书。该图书依托赛尔号的情节，讲述深受欢迎的小赛尔们在寻找、研发无尽能源的过程中，习得各种科学知识的故事。以知名游戏形象作为主角向孩子们讲科学、讲知识，并不是《赛尔号疯狂实验室》这套书的创举。在 2014 年 1 月，中国少年儿童出版社就推出以风靡全球的电脑游戏"植物大战僵尸"中的卡通形象为素材，由国内一流儿童文学作家创编的故事。《植物大战僵尸》系列图书问世以来，广受社会好评，短短的时间里已经进入开卷畅销书排行榜的前列，总销售册数已突破百万，也成为国内童书界的一个创新的新思路。

三、结语

如尼尔·波兹曼认为图书（或者文字）代表着理性话语，"阅读过程能够促进理性思维，铅字那种有序排列的、具有逻辑命题的特点，能够培养伍尔特翁格所说的'对于知识的分析管理能力'"。[2] 尽管信息化环境下的新技术和新服务为传统科普图书发展提供了诸多的发展思路，然而无论是增加多元化的视听体验还是强化与其他媒介的互动，科普图书始终需要将提升内容质量作为创新的出发点，这不仅是传统科普图书科学传播的固有使命也是在多元媒介林立的市场中能够立足的根本。

参考文献

[1] Henry Jenkins. Transmedia Storytelling 101 [EB/OL]. [2013-12-21]. http://henryjenkins.org/2007/03/transmedia_storytelling_101.html.

[2] 尼尔·波兹曼. 娱乐至死 [M]. 南宁：广西师范大学出版社，2009:47.

移动互联网下地方科技馆
网络科普之路初探

杨志斌[*]

（合肥市科技馆　安徽　合肥　23001）

摘　要

本文通过分析互联网现状，中小科技馆网络科普现状及困难，提出了关于地方科技馆如何依托移动互联网背景开展网络科普工作的建议。

关键词

地方科技馆；移动互联网；建议

Abstract

The article points out some suggestions about how to base on mobile Internet to proceed with science popularization through the analysis of internet trend and situation and difficulty of small and mediun-sized science and technology museum.

Key words

Local science and technology museum；mobile Internet；advice

---

* 杨志斌（1977—），安徽合肥人，合肥市科技馆研发中心副主任。

网络科普，简单来说，就是依托互联网进行的科普活动，地方科技馆除了做好馆内科普常展、短展、活动、培训以及馆外科普进校园、进社区、大篷车等项工作以外，结合自身优势在互联网上开展数字化的科普活动，是需要我们认真分析和研究的新课题。

而如今，互联网已经发展很大的变化，未来的互联网将以无线接入为主，有线互联网将只是互联网的一部分，换而言之，未来不应再有电脑访问的互联网和移动终端访问的互联网之分。

一、互联网现状

根据国际电信联盟 2013 年 2 月最新统计数据，到 2013 年底全球互联网用户将达 27 亿，与此同时，全球手机用户将达 68 亿，接近全球人口总和，全球移动宽带用户已经是固定宽带用户的 2.5 倍。

而根据中国互联网络信息中心（CNNIC）2013 年 1 月发布的《中国互联网络发展状况统计报告》统计，截至 2012 年 12 月底，我国网民人数达 5.64 亿，同时，手机网民规模为 4.20 亿，占网民总数的 74.5%，移动互联网用户占绝大多数。另一方面，我国智能终端出货量达到 2.58 亿部，增速达 167%，成为全球最大的智能手机生产国；平板电脑出货量首次超过笔记本电脑，跻身世界第二大平板电脑消费市场，占全球平板电脑消费市场的 27%。因此，用户和终端的高速发展，奠定了移动互联网的巨大市场，因此蓝皮书《中国移动互联网发展报告（2013）》指出，中国互联网业务移动化迁移已经全面展开。

从用户年龄架构来看，25 岁以下的用户占到了 30% 左右的比例，全球 25 岁以下的互联网用户的比例则达到了 45%，青少年是绝对的主力人群，这些用户绝大多数是网络科普的理想对象人群。

综上，传统互联网已在向移动互联网快速过渡。

二、中小科技馆网络科普现状

（一）全国科技馆仅1/5建有官网，拥有独立数字科技馆网站的仅3家

根据科技馆论坛（www.kjgbbs.com）最新统计显示，截止到 2013 年 9 月

12 日，各地科技馆拥有独立官方网站并正常运营的不足 80 家，基本上是省市一级的科技馆，占全国科技馆总数不到 1/4。在这些网站中，除了中国科技馆所属的中国数字科技馆、山东数字科技馆和福建数字科技馆等少数站点提供了较为全面的数字化科普服务以外，其他科技馆的官方网站主要是提供场馆简介、馆内新闻、在线场馆虚拟游览、培训会议信息等单向的信息发布为主，有部分科技馆网站提供了虚拟参观网上科技馆服务，较少站点提供本馆特色科普资源的在线观看和学习，很少提供系统课外教育资源的免费下载或提供学校学生在线学习的相关网页，鲜见科技馆网站对登录用户吸引注册和分类服务，因此，各站点被搜索引擎收录数均较少，对于公众而言，实际可用的科普资源还很有限。

（二）科技馆在参与移动互联网方面刚刚起步

截至 2012 年 12 月底，我国使用社交媒体的用户规模为 2.75 亿，占网民总数 48.8%，2014 年年初，腾讯微博和新浪微博均称各自用户数达 5 亿，日均活跃用户数超亿，而微信用户数在 2014 年的 7、8 月也已超过 5 亿，随着近年来社交媒体爆炸性增长，可以说，中小科技馆可以借力社交媒体进行网络科普之路更加宽阔了。

然而，与国内社交媒体火爆形成鲜明对比的是，国内科技馆官方微博注册量并不多，根据笔者在 2013 年 9 月 12 日在新浪、腾讯两大微博搜索，经认证的科技馆官方微博均在 30 家左右；并且，这些官方微博有过万粉丝关注的仅有（中国数字科技馆、索尼探梦、宣武科技馆、河口科技馆、江西科技馆、乌海科技馆、新疆科技馆、福建科技馆、重庆科技馆）9 家，剩下的 20 多家场馆多的有几千，少的仅百十人的关注。此外，除中国数字科技馆、东莞科技博物馆两家外，地方科技馆官方网站或数字科技馆都没有提供网站专属移动 APP 客户端应用下载。

（三）大陆以外科技馆同行以及国内博物馆适应移动互联网状况分析

据目前了解，大陆以外的大中小型科技馆除了拥有独立官方网站外，基本上都在社交媒体上进行了注册，例如美国探索馆就在世界主要的 6 家社交媒体进行了注册，日本科学未来馆是 3 家，澳门科学馆是 3 家，香港太空馆是两家，以上这些网站注册的主要社交媒体是 facebook，YouTube 及 Twitter

等社交网站，而且美国探索馆、澳门科学馆、香港太空馆等场馆还在官网提供了苹果及安卓的客户端应用下载。另外，国外的科普资源一般都是放在官方网站上，将我们所说科技馆的官方网站和数字科技馆合而为一，这样做的好处是，减少用户在两个网站之间的切换，方便了公众的访问，使数字科普资源站内共享，提升科技馆专业形象。

在应用移动互联网的社交媒体方面，国内众多博物馆更是走在了科技馆的前面，他们涉入微博领域早、发展快、关注高，根据笔者 2013 年 9 月 13 日检索结果，仅在两大微博（新浪、腾讯）总注册量就在 1000 家左右，其中：

关注度超过百万粉丝的微博有两家：国家博物馆（新 137 万、腾 241 万）、故宫博物院（新 121 万、腾无）；

关注超过 10 万粉丝的博物馆微博有 6 家：军事博物馆（新 4 万、腾 12 万）、广西民族博物馆（新 0.3 万、腾 22 万）、广州博物馆（新 0.5 万、腾 21 万）、四川博物院（新 0.5 万、腾 25.5 万）、宁夏博物馆（新无、腾 13.6 万）、建川博物馆（新 2 万、腾 17 万）；

关注超过 1 万低于 10 万的有 7 个博物馆。

而中国数字科技馆截止 2013 年 9 月份新浪微博有关注粉丝 6.6 万人，腾讯微博关注粉丝 9 万人，与博物馆行业的差距较大。因此，在利用移动互联网和社交媒体进行网络科普方面，科技馆在未来还有非常大的发展空间。

三、地方科技馆网络科普

（一）地方科技馆开展网络科普势在必行

1. 外因：网络科普是时代需要，更是行业要求

进入网络时代的科普工作，不在互联网开展科普活动是难以想象的，这就如同工业时代的工人不用机器生产，而是在刀耕火种一样，任何事物脱离时代，都将会被淘汰，这点，不容置疑。

党的十八大后，中国科协党组提出的"中国特色现代科技馆体系"建设中明确要求建设"基于网络的数字科技馆"，要"以各地科技馆为龙头和依托，统筹流动科技馆、科普大篷车、网络科技馆的开发、运行和服务"，因此，科技馆进行网络科普已经成为继常展、短展、流动科技馆等主要工作的另一

项主要工作。

2. 内因：开展科普活动需要科普工作者，更需要聚集众多的科技爱好者，需要科普受众的参与和反馈，而移动互联网的网络科普就可帮助地方科技馆建立本地科学爱好者圈子

相对于博物馆，科技馆展品的趣味性强、互动性高，今后一旦全部免费，观众人流每日如潮，限制人流成为节假日的常态，根本不缺少观众和参与科普活动的对象，那是不是不需要网络科普呢？

笔者的回答是否定的，正是因为每年参观科技馆的巨大人流量，蕴涵着为数众多的科学爱好者和无数商机，可以带来足够多的忠实用户，这正是科技馆未来进行科普传播所最需要的铁杆粉丝。

举个例子，以往科技馆每逢重大节假日、科普活动、新展品展出，需要对外发布信息，总是要去求助于报纸、电视等传统媒体进行普遍撒网式的宣传，而新闻界需要的是吸引眼球的"卖点"，常态化的科普工作未必每次都能满足这种口味，同样，科技馆与这些传统媒体合办科普节目也经常受到收视率等的困扰，所以，宣传角度和口味决定了信息传播的效果，这让科技馆发布科普信息很受制约，但除此也没有更好的外宣选择，因为自办报纸和电视也是不可能的。

再如，每有公益讲座、科普展览需要真正有热爱科学的人现场参与和提出问题时，你就会发现平时宁愿排队、热情参观科技馆的观众都不见了，而且到街上拉都拉不过来，多数场馆最常用的解决办法是求助周边学校，因为那里有大量的学生，有时是把学生请过来，有时是把科技馆的活动放到校园去办，这样，科技馆在举办科普活动时就难以完全按社会的需要安排内容和时间，受人掣肘。

最后还有，每当科技馆在重大节日和寒假最需要志愿者的时候，往往这个时候学校也放假了，逐个联系起来也效率低，科技馆需要对于志愿者进行统一快捷的沟通和管理，更何况，真正有知识有志科普服务的志愿者并不都是学生，很多的社会人士如教师、退休工作他们怎么知道科技馆什么时候缺少科员者？更何况招募志愿者没有办法天天登报，因此，如果与馆外志愿者建立良性的互动和方便的联系，是目前科技馆需要解决的问题之一。

网络科普的活动本身就可以聚集本地大量的科学爱好者，尤其是在移动互联网的社交APP催化之下，科技馆与用户沟通变得十分容易，每有馆内新闻，

用微博直可以 @ 本地各大中小学、@ 各大媒体，可以与观众随时随地进行互动，了解他们的需求和寻求彼此的理解；用官方微信平台可为馆内提供多种特色网络服务、为馆内重大消息发布做到一呼而天下应、可以对关注用户进行个性化特色服务，聚集一大批地方科技馆的忠实用户，以往的上述老大难问题也将迎刃而解。

（二）当前地方科技馆在网络科普工作中遇到的一些问题

1. 人手少、经验少、经费少是地方科技馆急需解决的问题

科技馆属于公益科普场馆，在国内大多数是由政府举办，随着观众科学水平的不断提高和场馆免费开放要求的呼声渐高，实体场馆的各项工作任务更加繁重，目前多数科技馆官网和微博的内容维护是由办公室工作人员或网络管理员兼任，网络科普的发展往往心有余而力不足；再就是现实制度制约和编制限制，多数中小科技馆受制于经验和经费，对于网络科普的投入只能做到量力而行。

2. 已有的科技馆微博，缺少制度规范和互动交流

目前建有微博的多数科技馆，在维护和信息发布上，尚未形成制度和习惯，对科技馆微博的定位不准，没有完全抓好微博与科技馆的结合点。

微博是一个主动发布信息的平台，具有很大的延展性，信息传播速度极快，可以实现几何级的多次传播，也正是因为速度快、范围广，微博就形成了巨大的信息流，如果不重视微博的及时、全面和多次重复发布，将会失去许多潜在的受众，一些科技馆微博信息，发布一次信息后就长期停滞了，导致受众不能经常获得需要的信息。另外，发布内容的单一也容易让受众疲劳，如果只发布馆方公告、展览消息，与官网内容重复、别无二致，就会让公众失去兴趣。此外，微博最大的特点就是互动，而目前多数科技馆微博表现为缺乏这种特征，大部分科技馆还未将微博作为一种沟通渠道来对待，仅仅是作为发布科技馆新闻的一个渠道，微博信息评论和反馈总体不太活跃。

科技馆微博的受众，来源众多，可能是科技爱好者，或者是科技馆观众，还或许是学生教师，每一个粉丝都有关注的理由，科技馆的微博应当多发布一些科普知识、科学趣闻，把知识生活化，让科技馆更加贴近观众。在这方面，中国科技馆、重庆科技馆、福建科技馆、南京科技馆、浙江科技馆等场馆的微博更新及时、互动性强，值得大家学习。

3.已建的科技馆官方网站应从传统网站向兼容移动方向发展

国内科技馆的官方网站鲜见实现移动化的，这说明此项工作的动力不足，但网站移动化是大势所趋，即手机可以方便访问，这个矛盾在微博、微信出现之前并不突出，但是现在科技馆如果想让用户通过微博、微信链接访问科技馆的官方网站链接时，这个问题就变得突出了。移动化并不是可以使用手机打开网页，而是用户在使用手机打开网站后，最新内容会自动适应手机屏幕，把用户最需要了解的文字信息呈现出来，这绝不是网站页面图文一股脑的缩小版。

四、关于地方科技馆网络科普工作的相关建议

在网络科普越来越重要的今天，中小科技馆应顺势而为建立独立科普网站，在人手和资源紧张的情况下，也可以在中国数字科技馆这个最大的科普网站下建设二级子站开展网络科普。

1.政策层面，需要地方科技馆各级重视和向上呼吁

在现有体制下，地方科技馆网络科普工作需要得到当地领导的支持，就要经常向领导乃至领导的领导宣传网络科普的重要性，从而得到相应经费和资源的支持和认可，而全国科技馆行业的专业协会也应充分发挥作用，多出台相关的政策指导性文件，多举办各层次的培训班，方便地方馆根据文件要求向上级申请资源和项目经费，解决移动互联网人才不足的困境。

2.实施层面，多利用移动互联网和社交媒体可以让地方科技馆的网络科普工作事半而功倍

微博等社交媒体的出现改变了传统报纸、广播、电视一统天下的格局，把大众传媒的门槛从神坛拉了下来，人人都可以成为网络传播的达人，自媒体时代的特点就是人人平等的发言和评论，虽然当前很多科技馆的微博正处于发展阶段，许多规范和制度尚未建立，但在未来，利用微博来进行网络科普的空间必定是很大的。

社交媒体的出现为科技馆传播科普信息铺设了最宽的网络高速路，移动互联为科普信息的传播提供了到达每个用户手机端的直通车，这种传播效率在以往是不可想象的。

因此，结合科技馆当前的体制和馆情，自上而下加强对移动互联和社交

媒体重要性的认识，通过网络科普聚集科技馆的忠实用户，做好网络科普工作就显得十分必要。

3. 关于地方科技馆网络科普的具体工作建议

（1）加强网络科普的队伍建设，建立长效运作机制。

科技馆可以设立专门的小组和人员，分工负责网站和微博的维护、编审、联络、答疑等职责，定岗定责，在公众和科技馆之间建立长期而有效的沟通桥梁，发现问题，及时处理，再结合多数场馆已经设立的部门信息员，通过内部交流平台建立部门信息内容沟通渠道，将场馆重要的有意义的信息及时、快速、高质量地传递给官网和微博的粉丝们，为人民群众了解科技馆信息和最新的科技新闻提供便捷渠道。

（2）网络科普需要以实体科技馆为依托，扬长避短。

地方科技馆的网络科普工作应该紧密围绕着科技馆的主要工作来做，网络的优势是成本较低和永不关门，而且数字科技馆上的展品信息可以做无限延伸，这是对实体场馆展品的有效补充，而且网上展品的交流功能也可以增进游客对实体展品的理解，展品的一些损坏和问题也会在交流中体现，而实体展品的真实体验感又是数字展品所不具备和不能提供的，因此，这就形成了良性的互补。除了展品，实体场馆的科普培训、教育活动都可以在网上进行预告和用户经验交流，这大大节约了关注网友的时间和精力，他们可以随时随地进行查询和预订，提高了科技馆活动组织的效率，大大降低了相关精力的运营成本。总之，实体馆与数字馆应该互为依托，扬长避短。

（3）抓住移动互联网和社交媒体两大利器，用丰富信息内容，规范信息质量，合适的传播方式来传播网络科普。

移动互联网和社交媒体上的虚拟科技馆就是科技馆在网络世界的反映，如何更好地发挥作用，除了在官网建设虚拟参观、摄制科普视频、提供科普游戏这些建设时期较长的科普资源外，最让受众关注的还是官网和微博的图文信息，它是科技馆的名片和窗口。丰富对外传播的科普信息，笔者建议，科技馆官网和微博的信息：一是要信息更新快，陈旧的信息是让受众最受不了的；二是信息全面，既要有本馆的信息，也应有国内甚至国外的科普信息；三是要善于展示科技馆的展品，展品数字化不单单是在网上拍个视频展示或者做个三维模型就是数字化了，从展品的科普原理到现实应用，从操作方法到受欢迎程度，都是我们可以进行科普传播的内容，对于展品的深度剖析，也体现了每个科普场馆的软实力；四是要建立科技馆微博群和微博圈，抱团传播，发挥规模效应。如故宫就有自己的三个不同类型的微博，还有浙江的科普方阵，都是值得我们做网络科普时需要学习的。

（4）通过在线活动把科技馆的网络科普办活。

一部分科技馆和博物馆已经在尝试如何利用微博等新媒体来拓宽服务范围、增加服务手段。如"20世纪中国美术名家系列展——潘天寿艺术、李可染艺术、黄胄艺术国际学术研讨会"在国家博物馆举行时，国博首次尝试运用微博互动的形式对研讨会进行现场直播。微博在进行图文直播的同时还在每条微博后添加了视频连接的地址，使广大网民可以通过多种媒体形式近距离感受艺术大师的魅力。网友纷纷留言"关注"，称赞国博"给力"。这些有益的尝试都是打造品牌，提升新媒体传播水平的有效手段。

（5）结合社会热点话题讲科普。

网络科普的热度和关注度来自于话题是否符合大众的口味，组织内容时要有一定社会敏感度，及时学习时事政治，了解社会热点。只有找到与科技馆的展品或内容相契合的点，发布网友感兴趣的科普资讯，才会吸引人。

（6）多运用"网络语言"拉近与网友的距离。

科学有其特定的严肃性，但要摒弃"说教式"的灌输模式语言，少用没有意义的华丽辞藻。要像拉家常，巧用网络语言拉近和网友的距离，这样科学和技术才能真正走进观众。

（7）移动互联网时代的用户要求更高，要充分重视数字馆网页响应时间。

全球71%的网民希望手机上网的速度能赶上甚至超过电脑上网速度。5秒是大多数手机用户能够容忍的最长加载时间，如果网页或应用的加载时间超过5秒，74%的用户会关闭网页，50%的用户会退出应用程序。如果某个网页或应用一开始就无法正常运转，大部分用户没有足够的耐心去再次尝试使用。鉴于此，当应用程序中无法避免的需要较长加载时间时，加载页面的设计成为一个非常重要的细节，如何让在心理上减少等待时间、如何延长用户可忍耐的时间，是有视频、程序及图文内容的数字科技馆需要首先考虑的。

科技馆的移动互联网科普刚刚开始，今后需要解决的问题或许还有很多，希望我们共同努力，在互联网世界共铸科普事业的辉煌，为实体科技馆的发展贡献新的力量。

云计算的应用——面向科普
服务云工作流平台

李龙澍* 王 建**

（安徽大学计算机科学与技术学院 安徽 合肥 230601）

摘 要

随着网络和多媒体技术的发展，科普事业也在不断发展，网络科普已成为科普传播的重要途径，在科普信息化过程中必须面对 IT 资源投入需求量大、科普资源共享不足、科普项目投资决策难、工作推广流程复杂、海量数据处理难等挑战。因此，需要建立一个价格低廉、易扩展、可定制的科普服务工作流平台为各个科普组织服务，来提高他们的效率。而云计算采用成熟的虚拟化技术，是一种新兴的基于效用的计算模式，即付费使用模型和易于扩展的面向服务体系，能为科普信息化过程中迎接挑战提供新的思路，为科普服务工作流平台的建设提供新的契机。本文简要介绍云计算定义、云计算的分类和应用、云工作流及云工作流平台体系结构。

关键词

科普信息化；云计算

---

* 李龙澍（1956—），男，籍贯：安徽亳州，安徽大学计算机科学与技术学院专业教授，博士生导师．研究方向：主要从事智能软件，不精确信息处理技术方面的研究。

** 王建（1989—），男，籍贯：浙江台州，安徽大学计算机科学与技术学院硕士研究生，研究方向：主要是对云计算，云工作流任务调度方面进行研究。

Abstract

With the development of network and multimedia technology， science popularization also adapt to the development of the information society. Network science popularization has become an important way to science popularization communication. In the process of science informatization， we have to face the challenge of high demand of IT resources， shortage of science popularization resources sharing， difficultly of science project investment decisions， heavy workload of science popularization assessment， complexity of job promotion process， massive data processing. So， we need to establish a low-cost， easily extensible， customizable workflow platform science service for service science popularization organizations to improve their efficiency. Cloud computing, with sophisticated virtualization technology an emerging computing model based utility， that the model of pay for using and easily scalable service-oriented systems, can provide new ideas to meet the challenges in the process of science informatization and is an opportunity for the construction of science popularization service platform. This article briefly describes the cloud computing definition， classification and application of cloud computing， cloud workflow and its architecture.

Keywords

Informatization science popularization；Cloud computing

一、引言

目前，由政府部门、大众媒体、教育机构、科研组织、社会组织及个人等开发建设的综合类/主题科普网站的数量已具有一定规模，网络科普得以快速推广。此外，在网络与信息技术高速发展的时代，各行各业均努力实现信息化管理，各科普组织也要实现自动化办公、网络办公。但是，提供科普服务的单位对各种功能的科普服务应用系统的需求不断增加，且各个科普组织的功能需求不一。并且随着科学技术的发展，科普的内容和科普工作任务不断加重，科普管理信息化的范围在不断扩展。因此，为了减轻科普组织的工作量，实现实时快捷的科普办公，需要建立一个价格低廉、易扩展、可定制的科普服务工作流平台。在这个平台上，每个科普组织可根据自身的需求创建具有自身特点的工作流模式，实现具有各自的办公自动化，减少开发相应管理系统的成本。实现大规模的网络科普和科普管理信息化不得不面对 IT 资源投入需求量大、科普项目投资决策难、科普评估工程量大、海量数据处理难等挑战。

云计算是一种大规模分布式计算模型，是一种新的资源交付和服务提供模型 [1]。它能够依照使用者的需求，提供各种各样的计算和资源服务如平台架构体系，强大的计算服务，廉价的存储服务以及其他各种服务。通过云计算，用户不用关注软件、硬件和资源的管理，通过网络远程的方式使用这些云服务供应商提供的各种软硬件资源。理论上，云中的资源是无限的且非常廉价的，它允许用户按自身需要使用资源和按所使用的服务部分付费，就像使用水电一样，使用多少资源支付多少钱。这种资源提供模式减少了用户对软硬件设备的投入成本。云计算的这种运行模式完全满足现代人逐渐转变的需求，还有它的灵活性，扩展性强和节约经济性，使得云计算成为了当今各个领域研究的热点之一。

在云环境中，构建面向科普服务云工作流平台，为各个科普组织服务，提高科普信息化、服务质量、水平和效率。因此，本文对基于云计算的科普服务云工作流平台进行研究，具有一定的应用前景和实际价值。

二、云计算

（一）云计算的定义

云计算是在 2007 年第三季度才诞生的新名词，一经诞生受到关注程度就超过了网格计算 [2]，而且关注度至今一直居高不下。它能够提供灵活动态的基础设施，满足服务质量的计算环境和可配置的软件服务。目前，在产业界和学术界都已经有许多云计算项目，例如亚马逊弹性计算云，IBM 的蓝云 [3]，谷歌的云计算平台 GAE 以及学术界的 Stratus。

虽然云计算受到很大的关注，但是它并没有统一的规范和定义，不同的机构和研究者根据自身云产品的特点和对云的理解做出了相应的描述：

美国国家标准与技术研究院（NIST）定义[4]：云计算是一种按使用资源的数量付费的模式，这种模式提供便捷的、可用的、按需的网络访问，进入允许配置的计算资源共享池（资源包含网络、服务器、存储、服务，应用软件），用户只需要投入少量的管理工作，或者与服务供应商进行很少的交互，就能快速获取这些资源。

IBM 认为云计算是一种新型的计算模式，把 IT 资源作为服务通过网络提供给用户，也是一种基础架构管理的方法论，将大量的计算资源组成资源池，用于动态创建高度虚拟化的资源。

中国云计算专家刘鹏教授给出的定义[5]："云计算是通过网络提供可伸缩的廉价的分布式计算能力"。云计算代表了以虚拟化技术为核心、以低成本为目标的动态可扩展网络应用基础设施，是近年来最有代表性的网络计算技术。

结合上面的论述，云计算是一种商业计算模式，是一种计算理念，而不是一个具体的技术，它将各种任务分布在大量的计算机虚拟化的资源上，用户可以按需获取计算能力、存储空间和信息服务[6, 7]。这些资源可以通过专门的软件自我维护和管理。

（二）云计算的分类和应用

云计算根据服务种类不同大体可以分成三大类：基础设施即服务（IaaS）、平台即服务（PaaS）和软件即服务（SaaS），如图 1 所示。

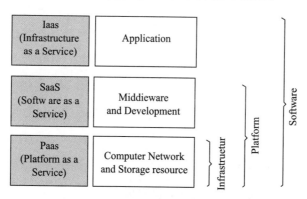

图1　云计算的服务类型

IaaS：IaaS 将基础设施资源打包成服务，允许用户租用这些封装好的服务。例如 Amazon 云计算 AWS 中的弹性云 EC2，IBM 的云存储服务。在 IaaS 环境中，用户相当于使用磁盘或裸机，允许使用任何的操作系统，因此，几乎可以做任何想要做的事情。但用户一定要思考让多台机器协同工作的方法。AWS 提供了用于节点间互通消息的接口简单队列服务 SQS。IaaS 最大的优点是它允许用户要使用资源时动态申请和在使用结束后释放节点，按使用资源数量计价，这可以降低企业必要的硬件成本投入，将大部分的精力集中在产品本身的研发，提高产品自身的质量。运行 IaaS 的服务器规模很大，因此用户可以认为能够无限制地申请资源。同时，IaaS 是由大众共同分享的，因此具有更高的资源利用率。

PaaS：PaaS 对资源的进一层抽象，它提供运行环境给用户部署开发应用程序，例如 Google App Engine。微软开发的云计算操作系统 Microsoft Windows Azure 也同属于这一类，PaaS 自身就能够进行资源的动态拓展和错误处理，开发者将自己的开发应用部署在 PaaS 环境中，同时不必过多地关注节点间的协调问题。此外开发人员无须关注系统的更新和维护，一切由供应商负责。但是用户的自主性降低，必须使用特定的编程环境并按照既定的编程模型。例如，Google App Engine 只允许使用 Python 和 Java 语言、基于 Django 的 Web 应用框架、调用 Google App Engine SDK 来进行在线服务开发。

SaaS：SaaS 的针对性强，它将某些特定应用软件功能封装成服务，例如 Saleforce 公司提供的在线客户管理 CRM（Client Relationship Management）服务，Google 公司提供的 Gmail、Google 文档、Google 日历等一系列云服务。SaaS 既不同于 IaaS，提供计算或存储资源类型的服务，也不同于 PaaS，提供开发运行用户所需应用程序的环境，它只能提供某些具体功能的服务供用户使用。

总而言之，SaaS 提供用户需要具体功能的软件，PaaS 提供开发者一个开发平台，运行用户开发部署他们根据自身的需求而开发的代码程序，IaaS 提供用户运行自己的应用包。

（三）云计算的特点

对于云计算的深入研究，云计算具有以下的特点：

规模巨大。云的规模通常相当巨大，Google 云计算平台就拥有 100 多万台服务器，IBM、微软、Amazon 和 Yahoo 等公司的云也能够提供给用户超强的计算或存储能力。

虚拟化。虚拟化是云的主要特征，用户在任何时刻，任何位置使用各类终端设备通过网络使用各种服务。而所使用的各种服务资源均来自云，而非来自某个具体的设备。所有的资源由各种硬件设备虚拟化而来，由云统一管理。应用在云上运行，用户无须了解应用服务运行的具体位置，只需要一个终端设备和网络就可以使用各种功能的服务。

可靠性高。云采取较强的容错机制，采用多个数据备份，计算节点同构而且节点间可相互转移等方式确保服务的高可靠性，因此相比使用本地的计算机，使用云计算无疑更加可靠。

灵活性和通用性。云计算不针对一定的应用，在云框架下可以构建各种不同功能需求的应用。且在同一个云环境下，可以支持不同的应用同时运行。用户根据自身的需要制定一套服务序列，由于云计算的虚拟化，它们在虚拟资源池中统一管理彼此交流，确保了灵活性的实现。

高可伸缩性。云计算高度可扩展，用户根据自身的需要从供应商购买足够的资源，当想要获得更多的计算能力，可即时向供应商购买。当不需要如此多的计算资源，也可释放掉多余的计算资源。资源供应商如果想要拥有更多的用户和应用，可以提供尽量多的虚拟化资源，满足用户和应用增长的需要。

非常廉价。由于云的特殊容错方式，它通常使用非常廉价的节点来构建。此外，云的自动化管理让数据中心的管理费用大幅度减少。云的通用性和公共性提高云资源利用率。云中的数据通过云供应商进行管理，用户不需花费成本购买软硬件，也节省了维护的费用。用户充分享受云的低成本优势，获得更强大的计算能力。

简单性和易用性。用户通过使用终端设备访问云中的数据，不会产生并发症，云系统底层的复杂性对用户透明，保持其尽可能简单，降低了用户对 IT 专业知识的依赖性。

三、云工作流

在当代大型企业事务管理中，提高业务过程自动化程度的关键技术就是工作流管理技术。作为过程管理的核心技术，工作流管理通过为业务过程创建模型，规范及进一步优化业务流程，有效指导企业制定决策。当前，它已应用于电子商务、电子政务以及大型企业信息自动化领域。随着云计算的兴起，对工作流的系统结构，运行平台和运行过程产生重要和长远的影响，为深入研究工作流提供新的方向。

（一）工作流

工作流系统起源于 20 世纪 80 年代，随着该技术的发展，逐渐地取代纸质化办公环境。在 80 年代中期，工作流技术趋于成熟，出现了工作流管理系统。进入 90 年代后，工作流技术得到飞速的发展，形成了大批成熟的工作流产品。

WFMC（工作流管理联盟）定义工作流为：整体或局部业务过程自动化，在此过程中，文件、信息或者任务的活动根据标准或者目标要求的规则从一个执行者传递到另一个执行者；工作流管理系统（WFMS）定义为：工作流管理系统是一个软件系统，它能够进行工作流的模型定义与管理，并依据在计算机中预先设置好的工作流任务关系进行工作流实例的运行。[8] 其中，工作流中的主要的任务均是通过计算机信息系统来实现过程的自动化。

（二）云工作流

随着云计算的发展，云计算的优势得到充分的展现，分布式工作流系统也趋向于向云工流方向发展。云工作流是在云计算环境下，工作流管理系统的一种全新的运用方式。在云计算环境中，云工作流管理系统根据业务流程和规范开发部署业务流程，包含建模、执行、监控、资源管理和安全管理等。云工作流管理系统对数据中心的计算或存储虚拟资源统一管理，实现工作流任务调度和有序高效执行，从而实现业务流程自动化。云工作流具有以下特点：

透明性。云环境中，所有资源是虚拟化的，在云中的所有服务所需的运行环境，操作系统，实现语言都可以是不同的。所有服务的内部实现和所在资源的位置都是对用户不可见的，只提供服务功能和运行参数。

可伸缩性。云资源具有按需分配的特性，用户可以在任何时刻在任何地点通过网络获取所需的计算或存储资源。在理论上，云中的资源是无穷的。用户在不需要多余的资源的时候也可以及时地释放多余的资源，减少租用资源的费用。这种动态的资源管理方式有助于工作流任务的执行。此外，这种可伸缩性不但可以使得用户可以按需使用资源，减少不必要的成本，也使得服务供应商最大限度上使用资源，最大化自身利益。

实时监控。在云环境中运行工作流实例，监控管理模块不断地监控实例的运行情况，可以实现资源的负载均衡、故障监控以及节点规模控制。

四、云工作流平台的体系结构

云工作流是在云计算环境下，工作流的一种全新的运用方式。下面介绍云工作流的体系结构。

云工作流平台的框架如图2所示，一般的云框架包含四个部分：应用层、平台层、统一资源层和物理层。那么，云工作流平台的框架也可以映射到这四个层。我们通过展现一个虚拟的工作流应用的生命周期来描述系统框架。

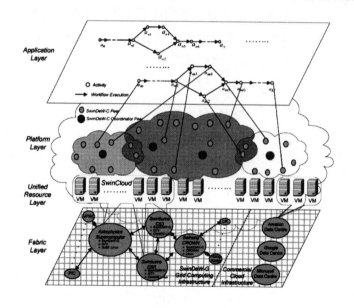

图2 云工作流平台的框架

用户可以通过任何可以连接网络的电子设备访问云工作流平台的网络站点。在工作流实例构建期阶段，用户通过应用层上网络站点提供的云工作流建模工具按照工作流的详细说明创建实际工作流应用模型。工作流的详细说明包含任务定义，过程结构以及 QoS 约束。构建完成之后，模型被提交到平台层的任何一个协调节点上。云工作流平台上的一个普通节点是一个云服务节点，其上部署了具体的软件服务。所有的云服务节点都是部署在虚拟机上。这些虚拟机的计算能力可根据任务请求动态调整。云工作流平台上的协调节点除了具有普通节点的功能之外，还能够管理工作流的服务和获取跨云服务信息。

在运行实例化阶段，云工作流实例的详细信息提交到云工作流平台上的任何一个协调节点上，实例中的各个任务通过节点间的通信[9]被分配到合适的服务节点上。在工作流执行之前，协调节点将会对提交的云工作流实例进行评估来决定是否接受该云工作流实例。一般假设功能要求都能够满足。如果用户需要运行自己的程序，他们也可以通过网络站点上传他们的程序，这些程序将部署到数据中心上。如果云工作流系统由于不能接受用户的成本和执行时间的要求而不能接受云工作流实例，用户和云工作流系统间进行协商。协商的结果是要不提交失败要不就用户降低成本要求或者降低执行时间要求。当所有的任务分配完成，工作流实例化完成。

在运行执行阶段，每个工作流任务均在云工作流平台的某个节点上执行。在云计算中，底层的各类资源虚拟化为统一资源，即虚拟机。每个节点利用虚拟机提供的计算能力，而且虚拟机的计算能力可以根据工作流任务的需求动态调整。

在云工作流的执行过程中，云工作流平台的服务节点进行工作流管理任务例如 QoS 管理，数据管理和安全管理。最终，用户在任何时刻能够访问网络站点获取用户已提交的工作流实例的最终结果或任务执行过程信息。

五、小结

本文主要阐述了云工作流以及相关的定义。云工作流是在云计算环境中运行的，因此，对云计算深入研究能够促进云工作流的研究。首先阐述了云计算的定义、云计算的应用类型及各类的应用以及云计算的特点；接着介绍了工作流的概念和典型工作流模型框架，之后介绍了云工作流的概念；接着通过分析一个典型的云工作流系统来理解云工作流的体系结构。

参考文献

[1] L.M.Vaquero，L.Rodero-Merino，J.Caceres and M.Lindner. A Break in

the Clouds: Towards a Cloud Definition[J]. ACM SIGCOMM Computer Communication Review，2008，39（1），50-55.

[2] I. Foster. What is the grid? A three point checklist [J]. GRID today，2002，1（6）：32-36.

[3] Jang S，Kim G，Kim H. IBM Blue Cloud project [EB/OL].[2008-6] http://www-03.ibm.com/press /us/en/pressrelease/22613.wss/.

[4] P. Mell，T. Grance. The nist definition of cloud computing [J]. National Institute of Standards and Technology，2009，53（6）.

[5] 刘鹏：云计算的定义和特点 [EB/OL].[2009-2-25] http://www.chinacloud.cn/.

[6] Fox A，Griffith R，Joseph A，et al. Above the clouds: A Berkeley view of cloud computing[J]. Dept. Electrical Eng. and Comput. Sciences，University of California，Berkeley，Rep. UCB/EECS，2009，28: 13.

[7] Foster I，Kesselman C，Tuecke S. The anatomy of the grid: Enabling scalable virtual organizations[J]. International journal of high performance computing applications，2001，15（3）：200-222.

[8] Hollingsworth D，Hampshire U K. Workflow management coalition the workflow reference model[J]. Workflow Management Coalition，1993，68.

[9] Yang Y，Liu K，Chen J，et al. Peer-to-peer based grid workflow runtime environment of SwinDeW-G[C]. //e-Science and Grid Computing，IEEE International Conference on. IEEE，2007: 51-58.

案例研究

基于Android平台的科普信息化移动平台开发

商加敏[*]　雷　磊[**]　丁　斌[***]

（东北大学秦皇岛分校）

摘　要

移动科普平台建设是科普信息化的一个发展潮流，本文分析了通过使用Android平台和利用网络技术，实现一套让用户通过联网手机广域地、实时地获取最新科普资讯，普及科普知识，参加科普活动的移动科普平台，以此满足科普信息化的需求。

关键词

安卓；科普信息移动平台；移动网络科普

Abstract

The construction of mobile science popularization platform is a development trend of the science informationization. this paper analyses a mobile science popularization platform that users can receive the latest scientific information,

---

[*]　商加敏（1993—），浙江绍兴人，东北大学秦皇岛分校 2012 级本科生，信息管理与信息系统专业。

[**]　雷磊（1994—），四川峨嵋人，东北大学秦皇岛分校 2012 级本科生，信息管理与信息系统专业。

[***]　丁斌（1979—），河北石家庄人，燕山大学计算机应用技术专业硕士，东北大学计算机应用技术专业在读博士，东北大学秦皇岛分校讲师。

popularize science knowledge，take part in science popularization activities with mobile web, which based on android platform and network technology. In this way，it can also meet the needs of scientific informationization.

Keywords

Android；Mobile Science populari zation；Platform Web

一、绪 论

（一）引言

网络技术与 3G 移动通信技术的发展，使得我国信息化的进程越来越快。2014 年 3 月 16 日，我国互联网络信息中心（CNNIC）在北京发布《第 33 次中国互联网络发展状况统计报告》[1]。截止到 2013 年 12 月底，我国网民规模达 6.18 亿，我国手机网民人数已达到 5 亿，手机网民人数占总体网民人数比例已达 81.0%。根据工信部的统计数据，截至 2013 年 12 月，我国手机端在线收看或下载视频的用户数为 2.47 亿，手机拥有大流量，完全具备了良好的信息获取条件。

网络使得信息获取、信息交流越来越便捷。三网融合一方面提高了网络的资源利用率，另一方面为移动业务发展提供了技术上的支持以及应用的平台。随着我国移动网民规模的迅猛增长，移动互联网普及率稳步提升，依托移动互联网发展起来的新型科普平台——移动网络科普有着极大的发展潜力，在我国科普事业中产生了巨大的、不可替代的作用。[2]

（二）科普信息化现状

目前科普信息化的主流模式有建立并完善科普网站、实施电子科普画廊建设工程、科技馆信息化建设[2]。

1. 建立并完善科普网站

优点：相对于传统的科普形式，网络科普是一种新的科学普及方式和科学传播手段。它可以更有效地传递科学文化知识和信息，人们足不出户，即可在家里参与学习和交流。互联网海量的信息、平等的互动和便捷的检索功能不仅克服了传统科普手段的缺点，还能够在更广的范围、更长的时间和以更新的方式开展科普。充分运用信息技术向公众宣传和普及科技知识。

缺点：网站的操作体验不佳，地址输入方式导致的不易访问（对于不熟悉电脑的老人儿童），资源分散，碎片化，缺乏足够的交互性，即时性。

2. 实施电子科普画廊建设工程

优点：建设电子科普画廊一是投资少、见效快、覆盖面广。尤其在农村经济社会发展相对滞后的情况下，是拓展农村科普宣传阵地的现实选择；二是安装便捷、不受空间限制。可直接挂到墙壁上，选址及安装都比较容易；三是内容生动、显示灵活。通过电子视频进行内容播放，在宣传形式上直观形象、生动活泼、视听同步，易于人们对科学知识的理解和接受。

缺点：普及能力有限，信息更新能力相比传统科普展板虽有提升但是仍然有限，交互能力有限，获取信息的途径的方便程度依然跟不上信息时代。展现的科普信息量远远不及科普网站的水平。科普范围具有很大的局限性。

3. 科技馆信息化建设

优点：科技馆是向公众普及科学知识、传播科学思想和科学方法的重要窗口，是为提高全民素质服务的大型科技教育设施。主要形式有建设科普影院，推广影像教育，建设数字科技馆，运用自动控制技术、仿真技术、虚拟现实技术、影视技术。

缺点：建设成本大，呈现技术先进却不易规模化传播，不同地域，不同团体间的信息共享能力不足，时空上都具有很大的限制。

综上所述目前科普信息化建设已经初具规模，但在目前手机网民急剧上升的移动网时代存在着以下缺点：

（1）没有专门的面向移动网民科普信息平台，传统的网站—手机浏览形式导致用户体验不佳，功能不全，由此导致潜在用户的流失。

（2）科普资源在不同平台上独自运作，最新成果没能有效的统一展现。使得科普成果不能最有效地发挥价值，科普成本由此上升。

（3）展示形式多为展板、文章、模型，缺乏科普工作者与受科普群体之间必要的交互，进一步导致科普不对口，科普效果不能有效体现等问题。

（4）现有科普平台扩展性不强，以网站为例，多数科普站点使用集成框架，一旦设定好展现的内容形式，在后期只能进行数据更新而较难进行功能创新，创新再开发成本往往较高。

二、基于安卓（Android）平台的科普信息化移动平台

（一）平台功能

对于科普信息化事业的发展，如何更好地利用手机这一普遍存在的移动终端提供信息服务，使得受科普群体拥有更好的科普体验和科普效果是关键所在。随着智能手机软件不断发展，与移动科普信息化建设相关的，可应用在智能手机客户端的软件系统也逐步出现，特别是应用于开放的 Android 手机操作平台的系统。例如有基于 Android 的 3D 恐龙博物馆系统[4]，智能终端在科普展览中的应用[5]，"手机博览网" WAP 网站[6] 等。这些系统的出现，进一步推动了科普信息化的发展。这些系统基本上都针对了科普信息化服务的某方面应用，例如展览馆辅助，科普网页在手机上的优化，但是缺乏了全面性，通用性。同时这些应用多为科技馆、或 PC 网站的服务衍生物，并非专业面向手机用户群体，所以存在手机上功能不全，浏览体验不佳，局限性大等缺点。另外，当前各种移动科普平台通常只是单一的列举科普内容，并没有考虑到用户群体的需求。针对这一情况，构建针对用户的互动平台很有必要。

根据以上需求，平台有两种用户，一是科普工作者，二是普通受科普群体。对于科普工作者需要赋予其查看科普信息，发布科普信息，发布活动公告，线上交流，查看用户反馈，查看大数据统计的权限，保证平台资源即时性，灵活性，可发展性。对于普通用户要赋予其查看科普信息，获得活动、资讯推送，评论相关内容，发表意见，线上交流的权限。保证科普的多样性、有效性、灵活性和用户黏性。对于用户群体的分类和权限的控制则有利于保证科普的正确性和权威性，避免引发谣言和制造伪科学言论。同时对于系统本身则需要拥有易维护、可扩展的特性，保证平台走在科普信息化最前沿，保证科普资源的丰富性，平台的发展能力。使得在飞速发展的互联网平台中得以与时俱进。

科普信息化移动平台为移动用户提供各类信息服务，因此对手机操作系统的选择、界面、通信网络和数据储存都有一定的要求。

（1）手机操作系统：系统要有一定的用户规模，使系统在科普机构和受科普人群中都能普及，有效降低成本；操作简便，能很好地访问网络，保证应用正常运行。

（2）界面需求：对于用户而言，需要在移动过程中访问平台，界面应该设计友好，方便访问，结构清晰，操作方便，有良好的用户体验。

（3）通信网络：根据平台要求，能在公共互联网上通信，访问系统服务器，实现数据的传送和接收。

（4）多元化科普信息支持：平台需要对所有的主流的数据进行有效的支持，方便各种用户对不同形式的科普信息的需求。同时在快速发展的互联网时代保证平台的生命力和成长空间。

（二）平台架构的主要模块

在平台架构上我们选择客户端 / 服务器模式。相对于现在的手机浏览网页的浏览器 / 服务器模式，客户端 / 服务器模式更能充分地体现出移动平台的优点，充分利用手机本身的资源，同时保留网络平台所拥有的海量信息，实时更新，易于管理等特点。以此来改善移动网民的用户体验又不放弃传统信息科普平台的优点。

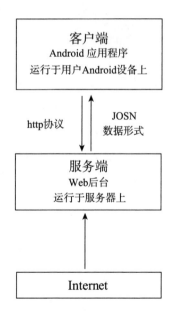

图1 平台架构图

平台架构，如图1所示，采取将运行科普 APP 软件的 Android 手机作为客户端，运行 Web 后台的服务器作为服务端，数据使用 http 协议以 JOSN 形式进行交互。服务端则依靠 Internet，录入最新科普信息，以此来实现在手机上实时获取网络上最新的科普数据。

以网络作为信息获取的主要方式，避免了信息本地化带来的信息滞后，重复信息，应用臃肿，使用维护繁杂等缺点，这种模式使得客户端较为轻便同时又能获得全面的服务。方便用户在任意时间利用闲暇片段浏览科普咨询。满足了平台的灵活性和资源的即时性、丰富性。

（三）客户端主要结构

客户端方面首先要考虑到用户规模和推广成本，目前主流的科普网站正是因为网络基础设施完备，网络用户多，使其推广成本小，而在科普信息化建设中占有一席之地。而考虑到目前手机互联网用户占到互联网用户的80%，手机用户覆盖全国，其普及度已完全达到低成本推广要求，不需要进行任何其他的基础设施建设，进入门槛低，投入成本小。因此在手机上使用客户端势在必行。

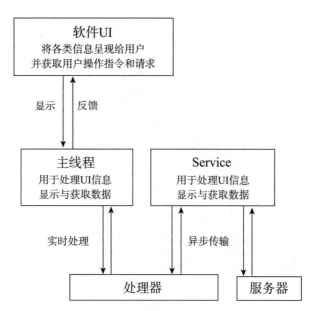

图2　Android客户端运行机制图

而在这巨大的手机市场中。Android 平台目前占据整个智能手机市场将近70 % 的份额，涵盖高低端手机。Android 平台良好的兼容性和扩展性使得其能展示绝大部分科普信息资源，包括文字、图片、视频、音频、3D 模型等，为降低普及成本和开发成本提供了良好的条件，解决了科普信息资源整合展示的问题。而且 Android 用户多为青少年、老年和其他低收入人群，符合科普受众，避免受众不对口问题的发生。

Android 平台是专门针对移动设备而开发的软件栈，其由操作系统、中间件以及某些重要的应用程序组成。Android 平台具备的特性主要包括如下几方面：

（1）应用程序框架：Android平台的应用程序框架支持组件的重用和替换，由此可提高应用程序的开发效率。

（2）Dalvik 虚拟机系统：Android 平台采用了自助研发的 Dalvik 虚拟机，它的最大优势在于具备良好的兼容性；除此以外，其还专门针对移动设备做了优化，可提高资源利用率。

（3）内部集成浏览器：Android 平台集成了基于开源的 WebKit 引擎的网页浏览器。

（4）优化的图形库：由于 WebKit 引擎支持 2D 和 3D 图形库，因此 Android 平台也具备强大的图形处理能力。

（5）Android 平台提供强大的视频和音频播放能力：Android 平台支持当前应用较多的音频和视频格式，如 MPEG 以及 MP3。

（6）强大的网络功能：Android 平台支持蓝牙、EDGE/3G/4G、WIFI（依赖于硬件）等多种不同类型的网络通信技术。

（7）支持多种硬件：Android 平台支持照相机、GPS、指南针以及加速度计等多种硬件。

（8）Android 平台提供强大的开发环境：Android 平台可提供的开发工具有调试工具以及性能分析工具。[7]

因此客户端应采取 Android 原生开发，使用 Java 技术编程，保证了客户端的易开发性，潜在用户基数，功能扩展性和软件兼容性。软件运行逻辑如图 2 所示，主线程负责 UI 呈现和用户交互，而通过 Service 实现网络访问，同时由于同步传输网络数据会导致 UI 主线程阻塞进而导致用户程序无响应引起 ANR 问题，所以我们在这选择异步网络传输的方式访问服务端，以此来保证流畅的手机用户体验。

（四）服务端主要结构

在服务端方面，目前主流的科普站点开发使用 php 技术、Java Web 技术这两种。php 技术优势在于界面开发，Java Web 技术优势在于业务逻辑和系统运行效率。考虑到在我设计的平台中服务器并不面向客户，而又需要给用户流畅，低耗的用户体验，同时需要使客户端，服务端的技术实现得到统一，故我选择了同样基于 Java 技术的客户端开发。同时为满足平台扩展性，采用 SSH（Struts，Spring，Hibernate）框架，采取功能模块化的方式，将用户模块、信息模块和逻辑算法模块相分离，降低系统的耦合，极大地丰富了平台的扩展性和可维护性。

SSH（Struts，Spring，Hibernate）框架包括界面层、中间层、底层三个成熟的开发层，即 Struts 框架开发界面层，中间层用 Spring 框架来响应客户请求，Hibernate 框架实现底层的数据库访问。[8]

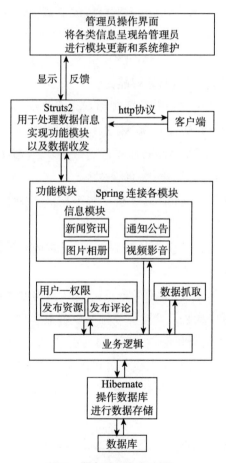

图3　服务端运行机制图

后台结构如图 3 所示，服务器框架属于 MVC 模式。MVC 由模型层、表示层以及控制层三部分组成，每个层的作用均不相同，表示层的主要作用在于展示系统信息，而控制层的主要在于转发表示层的数据请求，以便找到对应的处理程序，模型层的主要作用在于存储数据。由此可知，MVC 模式的应用可将页面开发者和业务开发者分离开来，有利于提高开发者的开发效率。

具体实际工程搭建目前实现了新闻资讯、通知公告、报纸杂志、图片相册、视频影音类型的科普信息分类和呈现以及完成了资源发布、评论、信息自动抓取功能，实现了科普资源形式上的多样性，内容上的即时性、灵活性，受科普群体与科普工作者之间的互动性。

（五）科普信息数据获取方式

为解决科普信息碎片化，信息更新延迟，保证用户获取最新的科普信息资源，我们采取机器抓取与用户发布的方式相结合，一方面使用文章抓取技术（主要使用第三方的 js 插件技术），从各大主流网络科普频道抓取最新的科普信息，保证科普信息的即时性、正确性和权威性。另一方面利用科普工作者和受科普人群两个用户群体的线上交流，发挥科普工作者群体的专业优势，针对受众群体提出的需求，自主上传原创科普信息使科普信息原创化、地方化、生动化。使较为单调的科普数据与用户产生互动性，加强用户兴趣，强化科普信息传播的深度和宽度，增加用户黏性。

三、结束语

本文针对科普信息化的现状与移动平台的快速发展，提出了建立基于 Android 平台的科普信息化移动平台应用，并设立了科普信息工作者和受科普人群两大用户群体，为两者的互动设立一个良好的平台。通过对科普信息化现状的分析，提出了科普信息化移动平台应用相关的发展展望。之后，根据分析所得的平台需求，介绍了平台的系统架构，并以 Android 开发平台为基础设计软件，用 Java Web 技术运用 SSH 框架搭建后台，完成整个平台的建设。平台设计界面友好、操作简单；系统经过多台手机测试，可以稳定运行；系统实现了新闻资讯、通知公告、报纸杂志、图片相册、视频影音类型的科普信息分类和呈现以及完成了资源发布、评论、信息自动抓取功能，可以满足移动科普服务功能。

本平台初步实现了多元化、可互动、实时更新的移动科普平台的基本功能，但是在细节方面，如数据结构的优化，通信交互的优化等方面有待完善，上述问题导致在数量巨大的用户并发访问下，系统整体的处理效率不高，可能会发生访问失败的状况。同时系统由于是原生独立开发并不能很好接入现有各大科普机构的科普信息系统，本平台没有数据库合并功能，不能完全融入原有的科普用户体系中去。

针对上述问题，需要在本平台的基础上着重对平台的数据库、并发管理进行优化，增强系统并发效率和稳定性。同时继续寻求新的开发方式把这个独立的系统融入到现有的网络科普生态中去，共享用户数据库，使得新平台的普及成本进一步降低，加强对过去科普信息化资源的联系与利用。

参考文献

[1] 中国互联网信息中心. 第33次中国互联网络发展状况统计报告 [EB/OL]. [2014-03-15]. http://www.cnnic.net.cn/hlwfzyj/hlwxzbg/hlwtjbg/201403/t20140305_46240.htm.

[2] 王姝力. 关于科普信息化建设的思考 [J]. 科协论坛, 2012 (11): 46-48.

[3] 张鹏, 魏嘉银, 秦永彬. 基于 Android 的 3D 恐龙博物馆系统的设计与实现 [J]. 计算机光盘软件与应用, 2013, 16 (17): 47-50.

[4] 卢伟琳, 冯甦中. 智能终端在科普展览中的应用 [J]. 北京邮电大学学报（社会科学版）, 2012, 1: 14.

[5] 肖云, 王闰强, 王英等. 手机科普产业发展现状与趋势研究 [J]. 科普研究, 2011, 201 (1).

[6] 陈文. 基于 Android 平台的校园信息服务系统的设计与实现 [J]. 暨南大学, 2012, 1.

[7] 郭华龙, 林昌旻. 基于 Android 平台的旅游信息发布系统的开发与研究 [J]. 赤峰学院学报: 自然科学版, 2014, 30 (2): 31-33.

传播效果下的科技期刊创新研究
——以《连线》杂志为例

智 飞* 周荣庭**

（中国科学技术大学科技传播与科技政策系 安徽 合肥 230026）

摘 要

在移动互联网背景下，《连线》杂志依然秉持创刊以来的理念：用最先进的传播方式将最前沿的科技、教育、文化信息传递给读者。本文将从《连线》杂志的历史出发，阐述它在新的环境下如何从传播渠道和报道内容上推陈革新，利用其他平台增加自身的影响力。

关键字

移动互联网；《连线》杂志；创新；传播效果

Abstract

In the condition of the mobile Internet，Wired magazine still hold the idea: using the most advanced means of communication and send the news of science and technology，education，culture and information to readers. This article

* 智飞，男，山西太原人，中国科学技术大学科技传播与科技政策系研究生。研究方向：新媒体与科学传播，数字出版。

** 周荣庭，男，浙江东阳人，中国科学技术大学教授，博士生导师。科技传播与科技政策系执行主任，知识管理研究所执行所长。研究方向：数字媒体，科技传播，科学普及。

expounds in new environment how to push innovative in distribution channels and content，to increase its influence by other platforms from the "Wired" magazine's history.

Keywords

Mobile Internet；"Wired" magazine；Innovation；Commu-nication effect

自 2007 年以来，以 iPhone 和 Android 手机为代表的移动智能终端开始出现在人们视野；接着随着 3G 网络和 Wifi 热点技术的发展，移动设备的人均占有率达到一个顶峰。在 4G 时代，手机、平板电脑和变形本等设备同移动互联网进行了更加紧密的结合，使得信息传播的方式发生了更为深刻的变化。在移动终端平台上，传统的科普方式也找到了更贴近受众的传播载体。这些发展都给科学传播带来了新的机遇，同时也带来了新的挑战：移动新媒体可以让公众获得更为人性化的互动参与方式，更为便捷有趣的科学传播服务以及更好的科普效果。

一、《连线》杂志基本情况

《连线》（*Wired*）杂志创刊于 1993 年。在其创刊前，电脑类期刊如同自然科学期刊一样，只是负责传递当前计算机科学研究的近况：选题严肃，文风晦涩难懂，只有专业的研究人员才会阅读此类杂志。但《连线》杂志的出现彻底改变了这一现状：一本坚信计算机革命将会改变人类生活的杂志诞生了，它是以——人，而非技术的角度来探讨技术，同时说明技术给文化、社会和生活所带来的冲击和影响。同时，它的内容选题也是走在最前沿，试图带给读者尖端新鲜的科学技术资讯。

在 2006 年之前，《连线》杂志还是以纸质版为核心出版物。虽然其有 wired.com 网站（《连线》杂志网络版），但其和印刷杂志版仍是两个独立运作的体系。之后，《连线》出版商康泰纳仕媒体集团支付 2500 万美元收购了 wired.com 网站，才得以让《连线》纸质版和数字业务重新团聚。不过康泰纳仕集团还是主力发展印刷杂志，网络版几乎没有生存的空间。直到 2012 年第 4 季度，网络版 Wired.com 在营业收入上开始与杂志版并驾齐驱，才得以让出版商看到了移动互联网浪潮下传播渠道改变的大势所趋。

二、传播渠道创新

1. 差异化与融合化

《连线》杂志现在形成了以数字版和纸质版为核心的多种订阅阅读方式。不同方式间会有内容上的差异，如纸质版依然会以文字和图片为主要载体，配合一贯风格的科技设计版式来叙述相关故事。而在网络版内容上则同数字版和订阅版有很大内容的差异，它会有 gear（设备）、science（科学）、entertainment（环境）、business（商业）、security（安全）、design（设计）和 opinion（评论）等一级板块，下面还有子板块给读者推荐内容。

在表现方式上的差异则是媒介融合，它有 video（视频）以及 insider（内部专区）。而在社交化平台如 twitter 和 facebook 中会推荐不同的内容来满足读者的需要，在 instagram 平台上会以图片为内容的核心。

2. 社交化互动

《连线》杂志现在形成了多种社交化平台的聚合内容。以网页版为例，它在文章题目的下方位置嵌入分享到 facebook 等社交网站的按钮，以方便读者随时转发此文章。用户同时可以用 e-mail，RSS，reddit 等途径跟踪《连线》杂志的最近动态。每篇文章的作者也会指向超链接，用来汇集到作者的其他作品。在链接的页面上还会有作者的邮箱、linkedin 网站等联系方式，让读者可以和作者随时通信互动，形成高黏稠度的粉丝社交。

在作者页面的右方，提供有撰稿人的博客群，他们是身在硅谷等地的特约作者，而从事的职业可能是大学教授或者公司高管。他们为《连线》杂志撰稿，而在此页面可以 RSS 订阅他们的最新文章或者有 twitter 网址。这不仅让读者可以同撰稿人有最直接的联系，这样便形成社交化平台的内容聚合：撰稿者和读者的交流互动可以生成相应的内容。在博客群下方是作者的著作板块：其把相关书籍推荐给读者；再下方是两个机器生成的内容板块：最近期的文章和最火热的文章，它们是作者和读者有效互动的结果。

3. 订阅与传播平台化

平台化主要体现在两个方面：一是内容订阅的平台化。《连线》现在除了 appstore newsstand 内有电子杂志，安卓平台的 APP 外。在 amazon 和 nook 两大电子书平台也有图书的订阅和推送。读者可以随时登录这些平台来购买电子版杂志。同时，利用这些出版阅读平台的强大渗透度，使得传统的纸质杂志充分信息化，更好地提供优质内容和应用。

平台化的第二方面是多平台化的传播途径。母公司康泰纳仕拥有众多杂志，如《纽约客》《GQ》等，在 facebook， google，twitter，tumblr 和 vine 等社交平台都有公共账号。因此，多杂志的共同平台互动分享变首先可以形成交叉传播，这样使得读者在不同的平台都可以看到内容。同时，电子版本的杂志以及网站拥有分享功能，可以将链接、图片和文章视音频以及读者的评价等内容一起分享到社交媒体。

三、报道内容创新

1. 报道内容定位，设计风格定位

《连线》被康德纳什收购后，这位拥有《名利场》《纽约客》等大众媒体的出版巨头，起初对网络版并不重视，只把其作为媒体的商业。于是，在互联网泡沫最热之际，《连线》就提前走下互联网的热潮。2001 年后，主编克里斯·安德森重新选定杂志报道内容，在读者群上将那些自认为不太会阅读科技杂志的读者作为受众。从栏目上，杂志力求恢复到最初的风格——前沿而通俗。为了保持《连线》独特的视觉特色，明亮的色彩、浓重的前卫气息依旧是《连线》意图突出的气质，弃用早年间常用的荧光效果，因此正文易与广告混淆的问题得到了解决。花花绿绿的 MTV 风格的拼接版式也被改掉，用色更大胆，但也更专一，同时还显得更具亲和力，更具科普的特性 (图 1)。

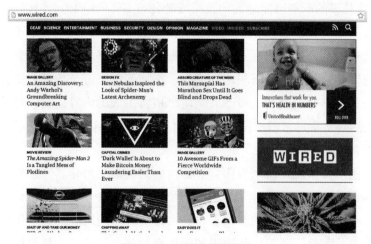

图 1　Wired网站版面风格

2.运用科学可视化

（1）静态视觉信息传播与动态视觉信息传播，静态信息传播（如图片、海报）着眼于对形象的深层的挖掘，追求造型的凝练，给人以"一目了然"的感觉。如《连线》杂志关于 nest 设备的介绍，它用透视图画出 nest 设备（如图 2 所示），旁边配以文字标注，让读者一看即懂。

动态视觉传播：更为逼真地浓缩呈现了显示场景，所带给人们的是生动性的强烈现场冲击力[1]。如《连线》杂志科普咖啡的一个视频：咖啡是很多人日常生活的必需品，但这个视频中具体的讲述了咖啡的成分（如图3 所示）。

图2 nest设备介绍　　　　图3　咖啡的成分 视频

（2）运用时间图、数据图、地理图讲述故事。如新理论提出前各种经典理论的梳理、科学实验的步骤、某种效果的产生机制等；科技工作者画出的流程图再辅以核心文字说明并根据需要绘制不同类型的统计图，按重要程度在地图上依次标出重要信息。

四、《连线》杂志的科学传播效果

对于科学传播，T. W. Burns 等人在 2003 年提出了被简称为 AEIOU 的科学传播定义："科学传播可被定义为利用适当的技巧、媒介、活动或对话，产生下列一种或多种个人对科学的回应。觉知（awareness）、享受（enjoyment）、兴趣（interest）、意见（opinion）、理解（understanding）[2]。"以上 5 点可以作为 5 个衡量的指标来衡量某种科学传播的主体效果，即科学传播活动在传播对象的个体身上激发出的反应。

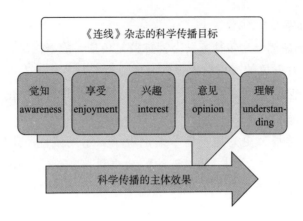

图4 科学传播主体效果

A（awareness）：意识。科学传播要提高大家的科学技术意识，如《连线》杂志撰写不同类型和题材的文章，让大家通过此类文章来了解最近的科学技术进展。

E（enjoyment）：欣赏。科学是被欣赏的对象，他需要一个长期的过程。而《连线》杂志把科技塑造成像美术、音乐和文学作品一样，让读者在欣赏中潜移默化。

I（interest）：兴趣。唤起公众尤其是青少年对科学技术的兴趣是至关重要的。《连线》杂志便是美国科技文化的代表性杂志，崇尚无线技术及数码并长期坚持此道，着重于报道科学技术应用于现代和未来人类生活的各个方面，有大批数码热血青年的热烈追捧，并对文化、经济和政治有一定影响。

O（opinions）：舆论或看法。很多公共事件的爆发都因为公众没有足够的科技素养。如果公众是科盲，对于富含科技要素的公共政策问题就说不上话，而像《连线》等的科技传播类杂志在无形中提高了公众的科学素养。因此，科学传播不仅关系到科学技术自身，而且关系到社会的稳定发展。

U（understanding）：理解。这是一个双向的过程。公众要理解科学，科技界也要理解公众。只有当双方更好地理解并运用，科学传播的目的才能说是真正地达到。

五、结语

总之，《连线》杂志在移动互联网的背景下快速改变策略，通过在传播渠道上的创新：不同的渠道有差异化的内容，而在媒介上又相互融合，通过社交互动来保持自身的活跃度，而通过两策略的平台化来扩大传播；报道内容上的创新：内容和风格上的独特定位以及充分利用科学可视化。而从AEIOU 模式来衡量其科学传播的主体效果。总之，《连线》杂志给同行提供了很多可借鉴的经验。

参考文献

[1] 王国燕，汤书昆. 传播学视角下的科学可视化研究［J］. 科普研究，2013，006：20-26.

[2] T. W. Burns. Science communication：a contemporary definition ［J］.Public Understanding of Science，2003，12（2）:183-202.

[3] 武夷山. 科学传播的 AEIOU 观有助于消解不同科学教育主张之间的冲突［J］. 大学科普，2013：8.